养老建筑设计实例分析：国际篇

Case Studies on Architecture Design for the Aged: International Volume

周燕珉　王春彧　丁剑秋　等编著

中国建筑工业出版社
CHINA ARCHITECTURE & BUILDING PRESS

前 言

随着我国老龄化程度的逐渐加深，国内养老项目的建设发展迅速。然而，我们在养老建筑的设计实践上仍处于起步阶段，亟须探索出适合中国国情的设计思路与范式。

许多发达国家也经历过类似的阶段，经过长期的探索形成了成熟的养老建筑设计方法。为了学习研究国外经验，本书编写团队在疫情前每年都会组织出国考察，近年来已赴荷兰、丹麦、德国、美国、日本、新加坡、澳大利亚等国，实地参观调研优秀的养老建筑案例，挖掘其中值得中国借鉴和学习的优点。同时，编写团队注重理论与实践相结合，在学习、整理国外相关经验的基础上，力求将其应用于国内的养老建筑实践中。近年来，编写团队策划、设计、咨询的国内各类养老建筑项目已达百余项，很多项目已建成落地，成为行业内的典范。在不断推敲项目方案的过程中，我们也得到了许多经验和教训，累积了一些心得体会。

因此，为了将上述国外、国内研究与实践的经验总结落地，本套图书选取了 16 个国外、15 个国内的代表性案例进行梳理分析，分国际篇、国内篇两册，本册为国际篇。本系列书籍涵盖养老建筑的主要类型，力求向读者深刻全面地呈现当今养老建筑先进、成熟的设计理念与经验。

在编排方式上，本套图书采用了两条线索。一是按照地域属性分为国外、国内两册；二是以"1+N 标签云"（一种建筑类型 + 多种设计与运营特色）的形式索引，方便读者从不同维度查找和阅读。

在内容呈现上，本书试图打破建筑案例类图书"文字线性单调""配图深度不足"的传统问题，实现"图—文多重交互"。具体体现在：

①一页一主题，阅读有重点；

②将视觉焦点引导到图上，先看图，再看配合的文字，提高阅读效率；

③避免简单的描述介绍，注重呈现案例的深度研究；

④不仅呈现案例的最终特点，而且深入分析设计过程中的优化与推敲。

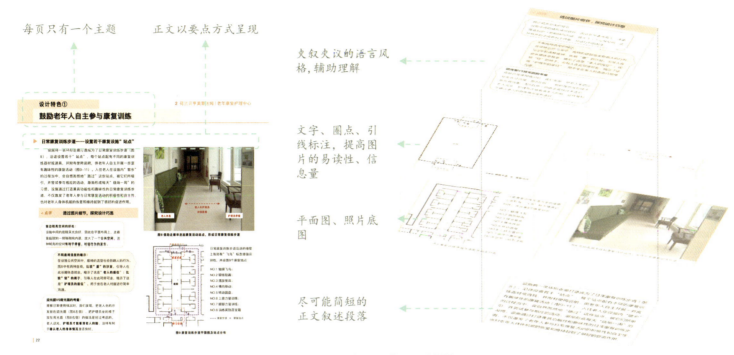

本书"图—文多重交互"的版式拆解

从学术价值上，本书通过深入的案例研究，提炼其背后的关键科学问题，总结不同类型养老建筑的设计范式，并通过具有多重交互性的图文进行呈现。不仅能够推动养老建筑设计领域的研究进展，而且探索了建筑学学科知识库的创新表现形式。

从应用价值及社会需求上，目前很多设计人员对养老建筑项目的接触不多，缺少深入的理解，运营从业者的需求常常被建筑空间、动线等制约，空间设计与运营服务之间存在脱节。因此，本书主要面向建筑设计从业者、养老项目开发运营者，并兼顾政府管理人员、科研人员及相关专业学生，力求内容深入浅出，使各类群体均能学习借鉴，培养出专业的养老行业从业人员，避免错误的建设和设计方法造成资源的浪费，使我国养老事业的投入能够被高效利用。

2024 年春于清华园

导言

国外养老建筑发展历程简述

老龄化是世界各国面临的共同问题。许多发达国家进入老龄社会的时间比较早,随着老龄化程度的加深,逐渐探索出了相应的养老建筑模式。近年来,我国养老建筑项目的开发建设十分火热,这些项目常常希望能借鉴国外规划设计和运营管理的经验,缘与此在详细解析养老建筑实例之前,笔者先将国外养老建筑模式的产生背景做简要梳理,概述优秀典型养老建筑的先进理念,并探讨其中值得我国借鉴之处。

▶ 世界人口老龄化与养老建筑相关政策的发展历程

19 世纪末至 20 世纪初,以瑞典、英国为代表的欧洲发达国家率先进入了老龄化社会;20 世纪中后期,美国、日本等发达国家也相继加入了这一行列。根据联合国的预测,到 2050 年大部分国家 60 岁及以上人口比例都将超过 21%(图 1),老龄化问题已成为世界各国都需要面对的现实问题。

在过去近百年间,发达国家的老龄化进程经历了由初期阶段、快速发展阶段到稳定阶段的演进。在这一过程中,各国在医疗制度、福利体系和住宅政策等方面都展开了许多积极探索,并从宏观上影响了养老建筑模式的发展。虽然每个发达国家进入老龄化社会的年代不同、老龄化的发展速度也有差异,但以老龄化率为线索,我们可以发现各国养老建筑相关政策的演进具有一定的共性:①当老龄

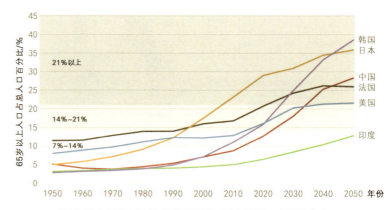

图 1 部分国家老龄化现状及发展预测(1950—2050 年)
(数据来源:联合国《2024 年世界人口展望》)

化率处于 7%~10% 时,各国出台的政策主要围绕如何建立和完善医疗、社会保障制度展开;②当老龄化率处于 10%~14% 时,各国政府开始鼓励养老院、护理院的建设,并给予补助;③当老龄化率超过 14%,各国的政策开始转向发展居家与社区养老,以减轻财政负担(图 2)。

▶ 世界人口老龄化与养老建筑相关政策的发展历程

伴随着相关政策的发展,发达国家的养老建筑模式也经历了"医院养老"——"机构养老"——"居家养老"和"社区养老"的转变过程。例如,瑞典在老年人口比例 10% 的阶段(1947 年)进行了福利制度改革,大力推广机构养老建筑的建设,以应对日趋增长的老年人照护压力。然而,进入深度老龄化阶段后,大量建设机构养老建筑的模式逐渐得到了反思,各个国家开始关注普通住宅的适老化,并通过加强社区养老服务设施的建设,支持老年人在家中就地养老。以美国为例,自本世纪以来,入住专业照护机构的老年人占比持续下降,这主要是因为居家养老的模式(例如服务型老年公寓)经过多年的发展,已经能够部分替代专业照护机构床位。

下文将针对机构养老、居家和社区养老这两大类模式,具体介绍国外养老建筑的特征与发展趋势。

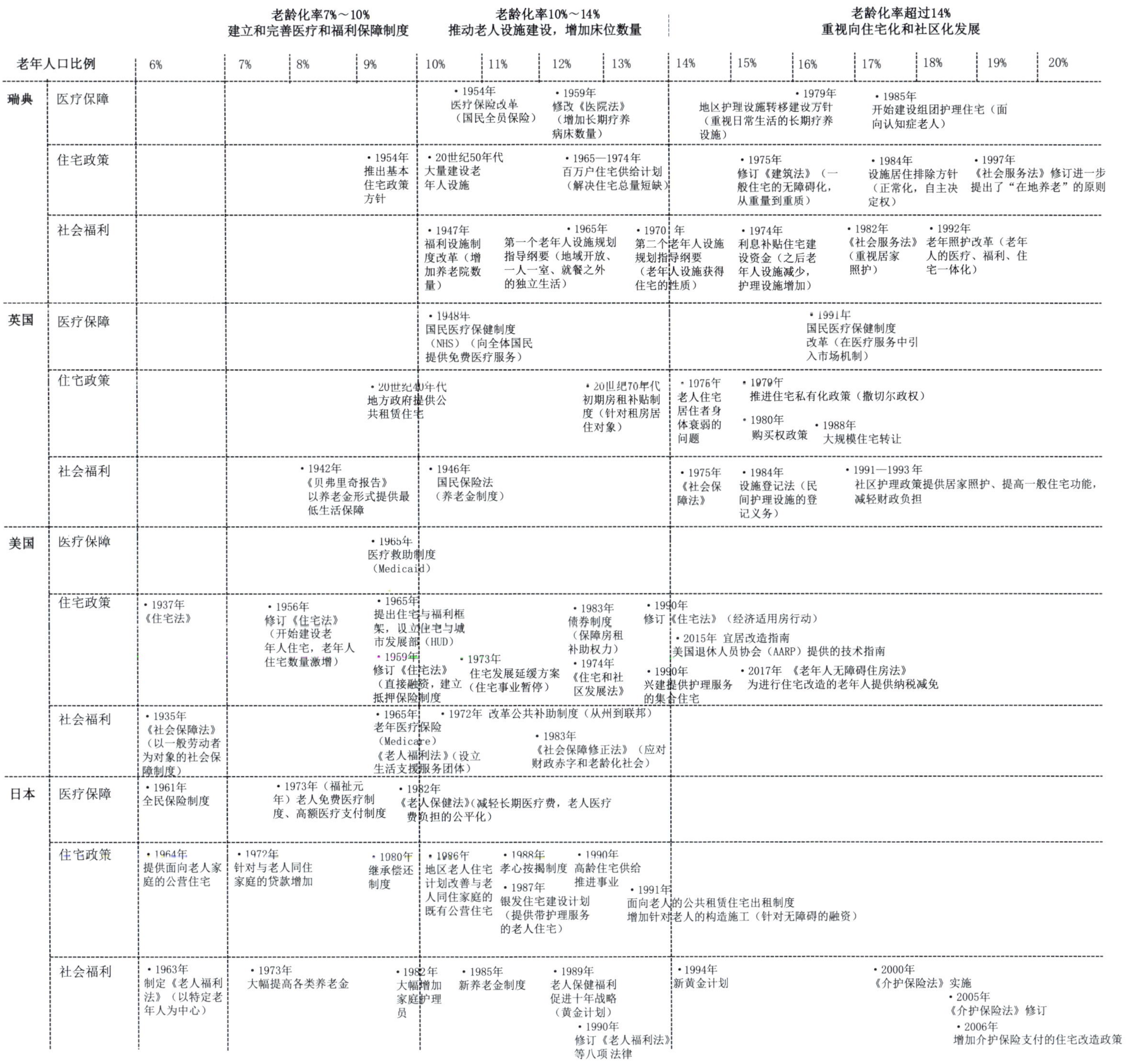

老年人口比例		6%	7%	8%	9%	10%	11%	12%	13%	14%	15%	16%	17%	18%	19%	20%
			老龄化率7%~10% 建立和完善医疗和福利保障制度			老龄化率10%~14% 推动老人设施建设，增加床位数量				老龄化率超过14% 重视向住宅化和社区化发展						
瑞典	医疗保障					•1954年 医疗保险改革（国民全员保险）		•1959年 修改《医院法》（增加长期疗养病床数量）		地区护理设施转移建设方针（重视日常生活的长期疗养设施）	•1979年	•1985年 开始建设组团护理住宅（面向认知症老人）				
	住宅政策				•1954年 推出基本住宅政策方针	•20世纪50年代 大量建设老年人设施		•1965—1974年 百万户住宅供给计划（解决住宅总量短缺）		•1975年 修订《建筑法》（一般住宅的无障碍化，从重量到重质）		•1984年 设施居住排除方针（正常化、自主决定权）	•1997年 《社会服务法》修订进一步提出了"在地养老"的原则			
	社会福利				•1947年 福利设施制度改革（增加养老院数量）		•1965年 第一个老人设施规划指导纲要（地域开放、一人一室、就餐之外的独立生活）		•1970年 第二个老人设施规划指导纲要（老年人设施减少，老年人获得住宅的性质）	•1974年 利息补贴住宅建设资金（之后老年人护理设施增加）		•1982年 《社会服务法》（重视居家照护）	•1992年 老年人照护改革（老年人的医疗、福利、住宅一体化）			
英国	医疗保障					•1948年 国民医疗保健制度（NHS）（向全体国民提供免费医疗服务）						•1991年 国民医疗保健制度改革（在医疗服务中引入市场机制）				
	住宅政策				•20世纪40年代 地方政府提供公共租赁住宅			•20世纪70年代 初级房租补贴制度（针对租房居住对象）	•1976年 老人住宅居住者身体衰弱的问题	•1979年 推进住宅私有化政策（撒切尔政权） •1980年 购买权政策		•1988年 大规模住宅转让				
	社会福利			•1942年 《贝弗里奇报告》以养老金形式提供最低生活保障		•1946年 国民保险法（养老金制度）				•1975年 《社会保障法》	•1984年 设施登记政策（民间护理设施的登记义务）	•1991—1993年 社区护理政策提供居家照护、提高一般住宅功能、减轻财政负担				
美国	医疗保障					•1965年 医疗救助制度（Medicaid）										
	住宅政策	•1937年 《住宅法》	•1956年 修订《住宅法》（开始建设老年人住宅，老年人住宅数量激增）		•1965年 提出住宅与福利框架，设立住宅与城市发展部（HUD） •1959年 修订《住宅法》（直接融资，建立抵押保险制度）		•1973年 住宅发展延缓方案（住宅事业暂停） •1974年 《住宅和社区发展法》	•1983年 债券制度（保障房租补助权力）		•1990年 修订《住宅法》（经济适用房行动） •2015年 宜居改造指南 美国退休人员协会（AARP）提供的技术指南 •1990年 兴建提供护理服务的集合住宅 •2017年 《老年人无障碍住房法》为进行住宅改造的老年人提供纳税减免						
	社会福利	•1935年 《社会保障法》（以一般劳动者为对象的社会保障制度）			•1965年 老年人医疗保险（Medicare）	•1972年 改革公共补助制度（从州到联邦） •1981年 《老人福利法》（设立生活支援服务团体）		•1983年 《社会保障修正法》（应对财政赤字和老龄化社会）								
日本	医疗保障	•1961年 全民保险制度	•1973年（福祉元年）老人免费医疗制度、高额医疗支付制度		•1982年 《老人保健法》（减轻长期医疗费，老人医疗费负担的公平化）										
	住宅政策	•1964年 提供面向老人家庭的公营住宅	•1972年 针对与老人同住家庭的贷款增加		•1980年 继承偿还制度	•1986年 地区老人住宅计划改善与老人同住家庭的既有公营住宅 •1987年 银发住宅建设计划（提供带护理服务的老人住宅）	•1988年 孝心按揭制度	•1990年 高龄住宅供给推进事业 •1991年 面向老人的公共租赁住宅出租制度 增加针对老人的构造施工（针对无障碍的融资）								
	社会福利	•1963年 制定《老人福利法》（以特定老年人为中心）	•1973年 大幅提高各类养老金		•1982年 大幅增加家庭护理员	•1985年 新养老金制度	•1989年 老人保健福利促进十年战略（黄金计划） •1990年 修订《老人福利法》等八项法律			•1994年 新黄金计划		•2000年 《介护保险法》实施 •2005年 《介护保险法》修订 •2006年 增加介护保险支付的住宅改造政策				

图 2 从人口老龄化率层面看各国养老相关政策的实施进程
（数据来源：参考文献[3]，周燕珉、林婧怡、王春彧编译）

005

国外养老建筑发展历程简述

▶ 国外机构养老建筑的特征与发展趋势

发达国家的机构养老建筑经历了长时间的更新迭代,已经逐渐形成了成熟的开发、设计和运营模式。总体而言,其发展趋势主要体现在聚焦高龄、重度失能、认知症老人的需求;尊重老年人的权利,鼓励自主安排生活;避免老年人脱离社会,等等。

趋势①:聚焦高龄、重度失能、认知症老人的需求

发达国家目前大多已经处于深度老龄化社会,其中80岁及以上的高龄老人数量持续上升。随着老年人口走向高龄化的趋势,一些养老机构建筑的设计思路发生了转变。例如,许多大型养老社区在最初规划时,将各类配套设施集中设置在一处,以方便管理和提升效益。但随着入住老人年龄增长,他们的身体状况和行动能力逐渐衰退,重度失能老人的比例增加,原先的配套设施距离就显得过远。因此,一些机构开始调整规划思路,为大型养老社区设立多中心、分散式的小型公共配套设施,缩短每个设施的服务范围,以便于高龄老人的到达和使用。

此外,认知症老人的专门照护需求得到了重视,出现了认知症专门照料设施,或认知症照料专区。平面布局上,逐渐转向了小规模、组团化的居住单元,居室围绕公共活动空间布置,使认知症老人在视线范围内就能定向想要到达的目的地。例如,美国的绿屋(Green House)小规模护理组团模式,就很好地支持了认知症老人的照护需求(图3)。

图3 美国伦纳德-弗洛伦斯生活中心(Leonard Florence Center for Living)的"绿屋"模式组团平面图

趋势②:尊重老年人的权利,鼓励自主安排生活

对老年人权利充分尊重,是国外养老机构建筑的重要发展趋势。服务效率的重要性不再过多被强调,而是更加注重入住老人的心理感受。例如,居室的设计上逐步减少了多人间和双人间的形式,增加单人间或套间(供夫妇居住)的比例,以保证老年人生活空间的隐私。日本就曾经出台专门的法规来推行"个室化"(个室:即单人间)。同时,还减少了多人共用的公共浴室,推行单人洗浴的独立浴室,也是体现出对老年人隐私权利的尊重。

此外,国外养老机构建筑在设计时,也开始考虑让老年人尽量按照自己熟悉或喜欢的方式生活。具体的设计手法包括扩大单人间面积并减少标准化的装修,支持老年人自己对房间进行个性化布置;创造可以自主活动的机会,例如通过设置自助洗衣房、自助厨房鼓励老年人维持自我照顾的能力,等等。

趋势③:避免老年人脱离社会

入住养老机构的老年人离开了原有的社区生活,其社会交往容易减少,因此,刺激老年人的社会交往成为国外许多养老机构的设计关注点。例如,一些机构为了吸引老年人的家人和朋友前来探访,设置了包含餐厅、咖啡厅、面包房等空间的商业街并对外开放,并同时提供私密的家庭互动空间,以欢迎外界与老年人接触。建筑平面布局上增加分散布置的公共空间,为老年人创造相遇和聊天的机会。除此之外,还尽可能将室内空间与室外空间建立视觉和物理联系,引导老年人接触绿色、小动物和自然气候,避免长期室内居住产生隔离感。

国外居家与社区养老建筑的特征与发展趋势

随着"在地老化"（aging in place）理念被普遍认可，专门建造的、采用集合式布局的、整合有一定服务的、以老年人较长时间稳定居住为主要目标的服务型老年公寓，受到越来越多老年人的青睐，成为一般住宅和专业照护设施之外的额外居住选择（表1）。例如，美国的协助生活设施（assisted living）、英国的额外照料住房（extra care housing）、日本的附带服务型老年公寓，都是近年来国际社会上快速发展的服务型老年公寓类型，代表了居家与社区养老建筑的发展趋势。

趋势①：保持"家"的基本特征，创造熟悉感

服务型老年公寓之所以被视作"住房"，主要是因为其目标是让老年人尽可能长时间地保持独立生活，避免或者延缓进入机构接受照护。因此，其设计和服务的核心是保持"家"的基本特征，创造熟悉感。相比于养老机构建筑，服务型老年公寓在空间设计中会带有更多住宅的元素，例如设计类似集合住宅的平面布局、设置较大面积的阳台和独立花园、允许老年人自带家具进行布置等。

趋势②：整合公共服务资源，为老年人提供便捷生活服务

根据选址的不同，服务型老年公寓主要包括郊区型和城区型。郊区型通常配置有完善的公共空间，类别全、面积大，很多时候公共设施甚至会单独成栋，使老年人能够近便地获取大部分生活服务。城区型通常规模更小，选址靠近成熟社区，利用周边的车站、商业枢纽、诊所、药店等配套设施；或者与社区文化中心、青年公寓、幼儿园合并设置，提高公共服务设施的利用率，空间形态上也会采用布局紧凑的中高层建筑，例如荷兰的生命公寓（图4）。无论哪种类型，都将整合公共服务资源作为策划、设计和运营的重要理念。

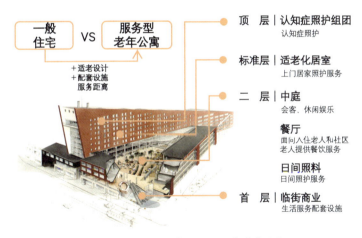

图4 荷兰贝赫韦格（Bergweg）生命公寓

总结

发达国家的养老建筑经历了长期的发展，许多经验值得我国学习。本书从工作室近年来现场调研的国外养老建筑项目中，挑选出了16个具有代表性的案例加以详细分析。这些案例反映了最新的养老建筑设计理念与发展趋势，可以为我国未来的养老项目开发提供借鉴。

图表来源：
1. 图3、图4 来自参考文献 [4]；
2. 其他均来自周燕珉工作室。

参考文献：
[1] 周燕珉，林婧怡. 国外老年建筑的发展历程与设计趋势 [J]. 世界建筑，2015(11)：16-21.
[2] 王春彧，周燕珉. 发达国家住宅适老化改造的资金支持政策与实践概要 [J]. 国际城市规划，2023,38(5):83-94.
[3] 财团法人高龄者住宅财团. 高龄社会の住まいと福祉データブック [M]. 東京：风土社，1998:39-42.
[4] 雷尼尔. 老龄化时代的居住环境设计：协助生活设施的创新实践 [M]. 秦岭，陈瑜，郑远伟，译. 北京：中国建筑工业出版社，2019.
[5] 郑远伟. 我国城市服务型老年公寓的发展问题研究 [D]. 北京：清华大学，2023.

目 录

养老建筑设计实例分析：国际篇

主笔人：周燕珉

统稿人：王春彧、丁剑秋　　　　　　各篇执笔参与者

前言	周燕珉	002
导言　国外养老建筑发展历程简述	周燕珉　王春彧	004
1. 荷兰斯滕贝亨　霍夫范纳索认知症照料中心	郑远伟　曾卓颖	011
2. 荷兰贝亨奥普佐姆　老年康复护理中心	秦岭　梁效绯　王春彧	023
3. 荷兰鹿特丹　德普卢斯普伦堡老年公寓	陈瑜　丁剑秋	033
4. 荷兰鹿特丹　阿克罗波利斯老年公寓	李广龙　张泽菲　丁佩雪	043
5. 丹麦欧登塞　艾特比约哈文养老照料中心	林婧怡　丁剑秋	053
6. 德国卡尔斯鲁厄　圣安娜综合养老项目	武昊文　秦岭　王春彧	063
7. 德国弗莱堡　圣卡洛鲁斯老年人之家	秦岭　李雪滢　王春彧	077
8. 日本北海道札幌市　安徒生福祉村	王春彧　丁剑秋	089
9. 日本东京都多摩市　中泽综合养老项目	曾卓颖　林婧怡	095
10. 日本东京　南麻布有栖之森养老设施	邱婷　丁剑书　赵子敬	103
11. 日本广岛县　快乐之家八千代老年公寓	邱婷　范子琪　张玲	111
12. 日本神奈川县川崎市　倍乐生·生田老年公寓	方芳　李佳婧	117
13. 日本大阪市　结缘福老年公寓	张昕艺　王元明	125
14. 日本大阪府　千里康复医院	郑远伟　丁剑秋	133
15. 新加坡碧山镇　狮子会乐龄之家	唐大雾　方芳　王春彧	143
16. 澳大利亚悉尼　斯卡拉布里尼认知症照料中心	李佳婧　丁剑秋	153

> 霍夫范纳索认知症照料中心利用最新的科技手段,借助宜人的建筑环境,有力地支持了"最大化的生活自由"这一照护理念,帮助认知症老人建立起自主、积极、高品质的生活。

\# 认知症照料

\# 社区融入型设施

\# 小组团照料单元

1

荷兰斯滕贝亨霍夫范纳索认知症照料中心

Steenbergen, Netherlands
Verpleeghuis Hof van Nassau

- 所 在 地：荷兰斯滕贝亨市
- 开设时间：2019 年
- 设施类型：认知症照料中心
- 总建筑面积：8700m²
- 建筑层数：地上 2 层
- 床位总数：120 床
- 居室类型：单人间
- 照料单元：设有 15 个照料单元，每个单元照护 8 名老年人
- 服务对象：认知症或者特殊失能老人（如帕金森病、渐冻症等）
- 入住情况：100%
- 运营团队：坦特露易丝（tante Louise）
- 设计团队：荷兰瑛泊建筑设计事务所（Inbo）

项目概述

荷兰斯滕贝亨 | 霍夫范纳索认知症照料中心

社区化照护 + 最大化的生活自由运营理念

▶ **项目概述**

霍夫范纳索认知症照料中心（Verpleeghuis Hof van Nassau）位于荷兰斯滕贝亨市区内，西、北侧毗邻海港，周围为成熟的居住社区（图1~图3）。该照料中心主要面向认知症或者特殊失能老人（如帕金森病、渐冻症等），反映出荷兰等北欧国家在认知症照料领域的最新探索。

该中心以"最大化的生活自由"（living with maximum freedom）为核心理念，结合建筑环境和科技手段，营造出社区化的照护环境，帮助认知症老人建立起自主、积极、有品质的生活。照料中心于2019年开业，开业后便立即住满，还有不少老年人在排队等待入住。

图1 照料中心总平面示意图

图2 照料中心旁的海港

图3 照料中心周边环境

建筑环境、科技手段、照护理念相辅相成

该中心的运营方 tante Louise（荷兰语中露易丝阿姨之意）是荷兰一家围绕认知症护理及康复领域展开业务的非营利机构。中心的核心运营理念是通过运用革新科技，为老年人提供令人愉悦的建筑环境及有趣、有品质的照料服务（图4）。建筑环境、科技手段和照护理念三者相辅相成，使该中心的照护理念得到很好的落实（图5）。

该机构在运营中特别强调对于认知症老人自由度的支持。他们认为，给认知症老人自由带来的风险通常被高估了，相比之下，限制自由带来的危害却被忽略。老年人自由活动过程中的行走锻炼、自我选择，对于维持身体机能和认知水平有诸多好处；而限制自由往往意味着使用更多镇静类药物，老年人更容易抑郁或者狂躁。

安全的组织生活
- AR技术，规避配药错误[1]
- 智能地板，降低跌倒风险[2]
- 系统化地论证风险（可能遇到的风险应该如何规避）

革新地运用科技
- 科技能够提供支持
- 科技仅用于使老年人生活或者设施运营更加便利，为护理提供预判
- 运用科技支持护理的革新

鼓励老人保持活跃
- 让老年人行动自由
- 采用无错学习法[3]让老年人学习（新）技能
- 让老年人相信自己
- 让老年人活在当下，不要停留在过去

可持续地进行护理
- 采用智能设备，让老年人可以自由行动的时间更长
- 尽可能长时间地维持老年人的认知水平
- 不提供过度的护理服务
- 仅在必要时限制老年人

生活**乐趣**最大化
生活**品质**最优化

图4 tante Louise 机构的运营理念

1. 给予最大限度的行动自由

不同于"限制认知症老人行动自由以保证安全"这种传统观点，该中心认为认知症照护的出发点应该是年人能做什么，而不是不能做什么；不应该基于想象的潜在风险而限制老年人的行动自由，而应对老年人自由行动中的风险进行结构化论证后加以防范；应该时刻注意避免过度关注"安全"，因为风险本来就是生活中不可避免的。

因此，该中心通过引入智能手环、智能门禁管理系统、二维信标技术等先进手段，打造虚拟"围墙"，监测老人的活动状况，有效地防范风险，让认知症老人在其认知能力允许的范围内自由活动。

2. 运用科技手段革新护理方式

该中心一直尝试运用科技手段革新照护认知症老人的方式，为老年人创造更自主、更有品质的生活环境。但是该中心对于技术持审慎态度，仅将其用于提高老年人生活品质或者设施运营效率，且运用的过程中会充分尊重老年人的意愿。

除了上述虚拟"围墙"外，该中心①利用增强现实技术将老年人的相关治疗信息投射到医护人员面前，使医护人员分药准确快捷，治疗有效；②采用智能地板，通过地板内的传感器预判跌倒风险，并及时打开老年人身上带的"安全气囊"，来降低老年人跌倒造成的损伤。

3. 提倡"非正式照护"的理念

"非正式照护"（informal care）理念认为，除了正式的照护人员之外，志愿者、亲属、来访的儿童、邻居都是照护团队的重要成员，也就是所谓的"非正式护理员"，尤其是老年人的亲属。这些非正式护理员可能比任何正式护理员都要了解老年人，知晓老年人的爱好、过往阅历等重要的照护信息。

因此，该中心邀请亲属、周边社区的居民加入照护团队，共同为老年人提供服务。机构也会时常举办各类活动，邀请周边社区的居民、儿童共同参与，为老年人营造家一般的氛围。

图5 照料中心的照护理念

①②：见图5，"2. 运用科技手段革新护理方式"中的详细说明。
③ 无错学习法（errorless learning）是一种引导认知症老人或自闭症孩子感官活动的治疗方法，是指在技能学习的过程中，通过正面强化、延迟提示、减少提示量、忽略错误等方法，确保学习者只能正确地做出反应，避免错误反应的记忆被强化。

功能布局　　　　　　　　　荷兰斯滕贝亨｜霍夫范纳索认知症照料中心

一层：公共空间 + 照料单元 + 后勤辅助

该照料中心为一栋新建的2层建筑，总建筑面积为8700m²。中心共设有13个认知症老人照料单元以及2个特殊失能老人照料单元，每个单元照护8名老年人。整个建筑相对独立，围绕内庭院组织公共空间，营造出社区化的生活氛围。

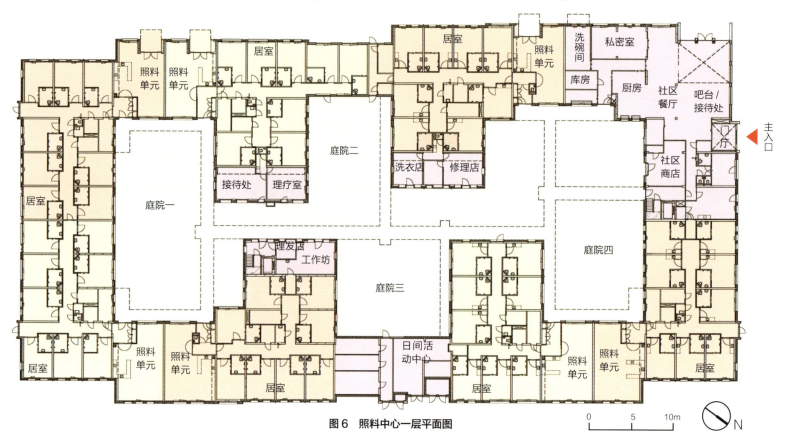

图6　照料中心一层平面图

建筑首层布局有7个照料单元和一个日间照料组团。沿四个内庭院分布着社区餐厅、厨房、商店、理发店、理疗室等公共活动空间，以及修理店、洗衣店、接待处等后勤辅助空间（图6～图10）。

> **< 点评　　巧妙的步行轴线**
>
> 该设施的整个庭院南北贯通，形成了一条"步行轴线"，这种设计有什么巧妙之处呢？
>
> 这样的设计使得行走的主要动线比较明确，沿着轴线游览，可以将所有景观和公共活动尽收眼底。这条轴线同时也串联了四个庭院，使得每个庭院不至于过于"曲径通幽"，避免认知症老人走得太"深"而迷失，可谓是一个既丰富又明确的庭院布局。

图7　二层通高的社区餐厅

图8　社区餐厅旁的开敞厨房

二层：照料单元 + 活动空间

建筑二层布局有 8 个认知症照料单元，每个照料单元都是 8 个居室，空间布局上给人一种单元式住宅的感受（图 11）。同时也设有一些活动室、商店/日间活动室、安防空间。通过二层廊道将这些空间串联起来，方便老人及护理人员通行。

认知症照料单元： 每个照料单元均设有 8 个带有独立卫生间的单人间居室、公共起居厅、备餐台及储藏间，并设有独立出入口（图 12），可以独立管理

商店/日间活动室： 位于建筑相对中心的位置，每个照料单元均可通过廊道方便到达。各种服务空间沿街布置成商店的形式，既可以售卖老年人制作的商品及饮品小食，也方便老年人在此休憩或参加日间活动（图 6、图 11）

图 9 社区商店内部琳琅满目的货物

图 10 内庭院边的理发店

图 12 照料单元的独立出入口

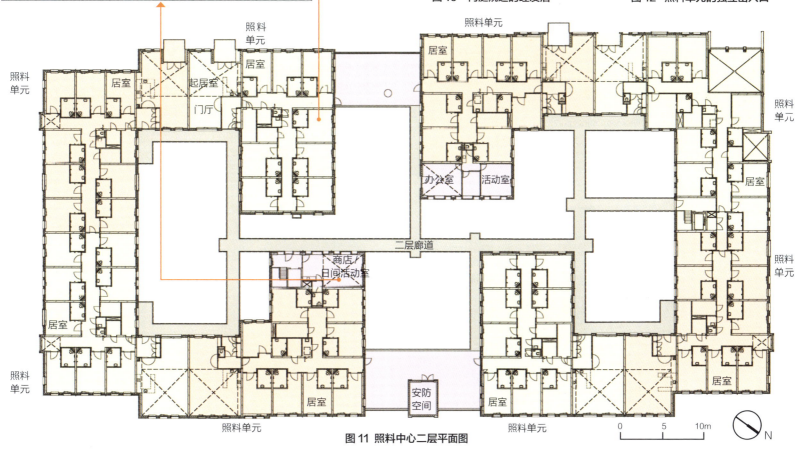

图 11 照料中心二层平面图

设计特色 ①
建筑外观设计营造出"家"的形象

荷兰斯滕贝亨 | 霍夫范纳索认知症照料中心

　　为老年人打造"像在家一样的生活"（living like home）是该设施的愿景，基于此，主创建筑师汉斯·托恩斯特拉（Hans Toornstra）将这种愿景转换为"村庄"的概念，整个设施的外观如同海港边的一个小村庄，削弱了照料中心作为公共建筑的体量，营造出类似"家"的空间尺度，让认知症老人觉得自己依然生活在熟悉的社区中。

▶ **丰富的立面——类似住宅并联**

　　建筑内外立面的材料、颜色和造型均延续了当地住宅的传统，看上去像一栋栋外观迥异的独栋住宅紧贴在一起，其丰富的颜色、独特的坡屋顶造型，具有极强的识别性（图13、图14）。

▶ **隐藏的入口——削弱公建氛围**

　　为了避免给人大型公建的感觉，建筑主入口的设计没有很突出，而是也隐藏在其中一栋"住宅"中（图15），使老年人有漫步在"村庄"中的熟悉感和安全感，削弱了照料中心的机构感。

图13 照料中心类似"村庄"的建筑立面（沿海港外侧）

图14 照料中心类似"村庄"的建筑立面（内庭院侧）

图15 建筑主入口隐藏在"住宅"中

设计特色 ②
公共空间塑造社区生活氛围

建筑围绕收放有序的内庭院分散布置公共空间，围合出"街道"和"广场"，塑造出亲切宜人的社区氛围，有利于延续入住老人之前的生活体验，避免因患认知症而脱离常态化的生活环境。

▶ 围合广场街道——塑造活力的社区氛围

区别于将公共空间集中布置的常见方式，该中心将社区餐厅、商店、理发店、理疗室等公共活动空间分散延展布置在建筑内庭院周围，与不同大小形状的庭院、不同长短宽窄的通道参差交错，在庭院中形成有活力的"广场"和"商业街"，老年人行走在其中如同在平常的社区漫步（图16、图17）。

▶ 功能分散布置——鼓励老人离开房间

功能空间分散布置的方式，也鼓励老年人离开自己的房间，按照指示去寻找目标场所，达到认知锻炼的目的。为了营造更真实的社区氛围，中心会定期举办各种社区活动，邀请周边居民、儿童来参加；或者沿街道摆放售货摊位，向老年人"兜售"生活物品（图18、图19）。

图16 庭院中热闹的街道

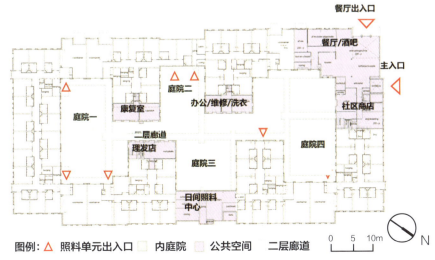

图17 内庭院与公共空间布局关系示意图

图18 社区商店门口老年人亲切互动

图19 周边社区居民和儿童常来参加活动

设计特色 ③

智能设备辅助，保障最大化行动自由

荷兰斯滕贝亨｜霍夫范纳索认知症照料中心

  tante Louise认为当老年人的自由活动得到最大限度的支持时，其精神行为症状发生的频次会降低，认知症的发展演化也会放缓。反之，限制老年人的自由活动也可能带来其他风险，如更高的镇静类药物使用率、更多的抑郁和狂躁等。基于这一理念，运营方提出了"四级自由度"的照护理念，即工作人员会根据老年人不同的身体状况和认知能力，判定其自由度等级，在系统中为其所佩戴的手环等智能化设备设定相应的空间通行权限。每个级别所对应的自由活动范围不同，例如一级自由度老年人的手环不能开启所在单元门禁，四级自由度的老人可以走出设施（表1、图20、图21）。这一方式可以确保不同身体状况的老年人都能在合适层级的公共区域中自由活动，降低走失、跌倒等意外的发生率。此外，工作人员也会根据老年人的身心状态定期调整老年人的自由度分级。

一级自由度的老年人主要在各自单元内活动，手环没有开启单元门禁等权限，以避免出现危险

二级自由度的老年人可使用手环开启单元门禁，或乘坐电梯到达内庭院中活动

三级自由度的老年人可用手环通行到餐厅、酒吧等区域。手环中含有GPS定位，便于护理员随时了解老年人的位置

四级自由度的老年人可以走出中心到周边社区活动。当老年人到达其他社区时，其佩戴的手环会用短信通知社区中接受过认知症友好理念培训的志愿者，便于其随时关注老年人的情况，及时与工作人员沟通

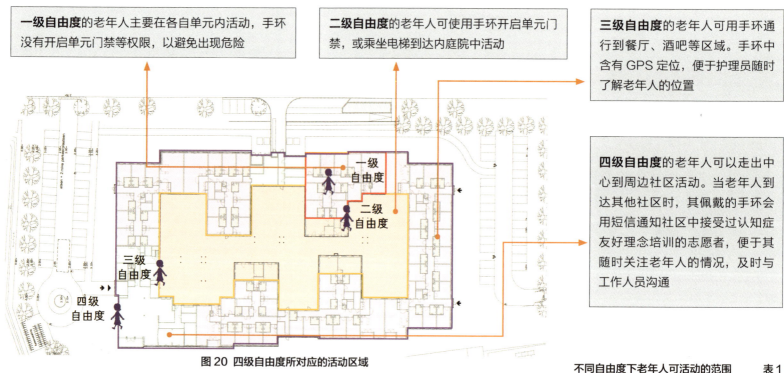

图20 四级自由度所对应的活动区域

图21 智能设备形成的虚拟"围墙"支持老年人自由行动

不同自由度下老年人可活动的范围　　表1

自由度分级	活动范围
一级	老年人居住的照料单元内部
二级	所有照料单元以及内庭院
三级	照料中心内部（包括公共餐厅、酒吧等区域）
四级	照料中心内部及周边社区

设计特色 ④
环境设计重视识别性和导向性

考虑到认知症老人寻路能力较弱的特点,在设计时特别注重交通流线的简洁性,并通过多种手段增强内庭院及照料单元内部的空间可识别性,便于认知症老人轻松识别自身所处位置,找到目标空间。

▶ 开放式交通空间——明晰各单元交通动线

开放式的交通空间让通往各单元的交通动线更加明晰。首层单元通过庭院和街道相联系,二层单元通过空中连廊相联系。开放的步道系统使老年人能随时统揽整个社区,更直接地看到目标空间,也更容易明确自身所处的位置(图22)。

▶ 不同的庭院标志物——帮助老年人记忆居住地点

设施内庭院被划分为四个小庭院,每个庭院都设置了不同的记忆点,老年人即使忘记了自己的门牌号,仍然可以通过颜色、形式不同的标志物找到自己居住的地点,比如"我住在那个喷泉附近""我家门口有橘红色的花"等(图23、图24)。

图22 二层连廊开阔的视野帮助老年人俯瞰全局、定位到目标空间

图23 庭院中设置"喷泉"作为记忆点

图24 庭院中设置铁艺花作为记忆点

设计特色 ⑤ 荷兰斯滕贝亨｜霍夫范纳索认知症照料中心

生活化的场景创造日常动作康复条件

▶ 丰富的内部装饰特征——帮助老年人识别单元居室

每个照料单元内部的主题色彩、室内材料、环境氛围都有所不同（图25），这些丰富的特征可提供良好的识别性，便于老年人记忆。同时，每个老年人居室的门前设置了记忆箱，里面放有老年人喜欢的摆件或者照片（图26），便于其辨认出哪个房间属于自己，也增添了照料中心的生活气息。

图25 照料单元公共起居厅装饰特征不同

图26 居室门前的记忆箱摆放老年人物品

▶ 小结

霍夫范纳索认知症照料中心是一个以空间设计支撑运营管理理念的范例。建筑外观和功能布局上的处理手法，营造出社区化的生活氛围；结合科技手段对空间进行"四级自由度"划分，为认知症老人提供了适宜且最大化的行动自由；而良好的空间识别性和导向性则为老年人自主选择创造了条件。

这一建筑案例很好地展现了荷兰等北欧国家在认知症照护环境方面的最新探索和实践：空间环境营造充分落实了"以人为中心"的护理理念，有效支持了认知症老人获得自尊，拥有更加自主、自由的高品质生活。

图片来源：
1. 图1、图6、图11、图17、图20改绘自荷兰 Inbo 建筑设计事务所提供的图片；
2. 图4译自参考文献 [1]；
3. 图13来自参考文献 [2]；
4. 其他均来自周燕珉工作室。

参考文献：
[1] tante Louise 官网 https://tantelouise.nl/zjorg-wonen/locaties/verpleeghuishof-van-nassau/
[2] Inbo 事务所官网文档 Hof van Nassau: oog voor detail en kwaliteit van leven
[3] 郑远伟，曾卓颖. 荷兰斯滕贝亨霍夫范纳索认知症照料中心 [J]. 建筑创作，2020(5):100-107.

调研札记

01 来喝一杯吗？

社区餐厅中设有吧台，向老年人和周边居民供应美酒和饮品。即便是认知症老人，也可以随时来喝一杯。"There's always time for a glass of wine"，这句印在"生命公寓"墙上的"名言"在该认知症中心同样得到印证。这也是其核心照护理念之一：不能因为害怕风险，就剥夺老年人享受生活的权利。

02 养老院也可以轮滑！

按照常规认知，轮滑这种高速运动对于行动缓慢的老年人存在很大的威胁。可是现实情况是，孩子们在庭院中玩得不亦乐乎，旁边围观的老年人也看得津津有味，正常社区可以轮滑，这里同样可以！这大概也解释了为什么孩子愿意到这里来玩：探望爷爷奶奶的同时，可以无拘无束地玩耍，何乐而不为呢？

03 画出心中的"霍夫范纳索"

活动教室的墙壁上张贴着画作，底图是该设施的透视图线稿，老年人按照自己的想象进行填色。认知症老人们画出了写实版、抽象版，甚至狂野版的各种作品。可以看出，认知症老人对事物的感知、内心的情感状态大相径庭，这对照护人员了解老年人，为其制定个性化的照护计划很有帮助。

04 雨中的午餐

午餐时间骤降大雨，照护人员撑起雨棚，老年人则有说有笑继续享受欢乐时光。这个小插曲就像是设施运营理念的一个缩影——不会因为可能出现的风险（下雨），就放弃某种可能性（取消活动），而是做好充分的准备（提前放置雨棚），对可能出现的风险进行防控。

05 老了也要住一块

设施居室都是单人间，但有2位入住者为夫妇，并且不希望分开居住。运营方将2个房间内的家具进行了调换，其中一个房间放置2张床作为卧室，另外一个房间则作为起居厅。这提醒我们，单人间并非一定只住一个人，面对多元的居住需求，建筑空间需要灵活应对。

调研团队合影
于2019年8月17日

> 这家老年康复护理中心通过精心设计康复空间和充分应用智能设备,很好地满足了恢复期老年人的康复需求,有效实现了"帮助老年人早日恢复身体机能、回归家庭生活"的服务目标。

\# 康复护理设施

\# 智能化系统应用

\# 康复融入日常生活

2

荷兰贝亨奥普佐姆
老年康复护理中心

Bergen op Zoom, Netherlands
Geriatric Rehabilitation Center

- 所 在 地：荷兰北布拉邦省贝亨奥普佐姆市
- 设施类型：康复护理设施
- 总建筑面积：约 2500m²
- 建 筑 层 数：位于综合医院配楼的三层（顶层）
- 居 室 总 数：60 间
- 居 室 类 型：单人间
- 运 营 团 队：坦特露易丝（tante Louise）

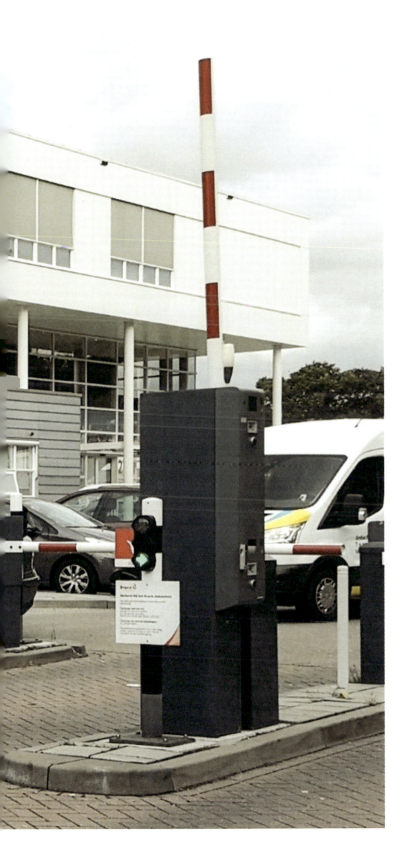

项目概述

荷兰贝亨奥普佐姆 | 老年康复护理中心

通过康复护理，实现从医院到家庭的过渡

该老年康复护理中心坐落于荷兰北布拉邦省贝亨奥普佐姆市的布拉维斯齐肯赫伊斯（Bravis Ziekenhuis）综合医院园区内，设置在场地西南角建筑的顶层（即三层）区域（图1），由当地知名养老服务商 tante Louise 运营。

老年康复护理主要面向因手术、意外事故、重大疾病等原因，导致身体机能受损的老年人群，通过开展针对性的康复训练，帮助老年人恢复原有的身体机能。该项服务通常在老年医学专家的监督下由护理院（nursing home）提供，旨在帮助老年人实现从医院到家庭或到照护设施（care home）的平稳过渡。

入住该康复护理中心的人群主要为 85~95 岁的高龄老人，平均入住时间为 6~8 周。每年大约有 600 位老年人在这里接受康复护理服务，康复期结束后，除少量老年人需要继续入住其他医疗护理机构外，大约 80% 的老年人都能够重返家庭生活。

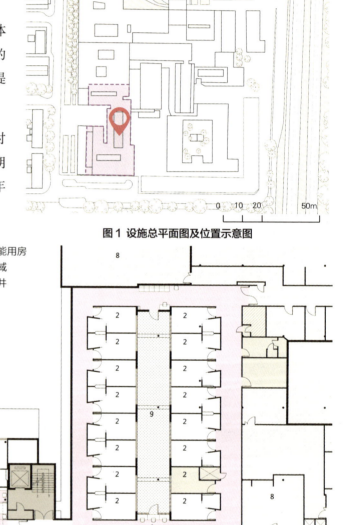

图1 设施总平面图及位置示意图

图例：
1 护理站
2 老人居室
3 专业康复训练大厅
4 日常康复训练步道
5 餐厅
6 室外露台
7 辅助功能用房
8 医院区域
9 采光天井

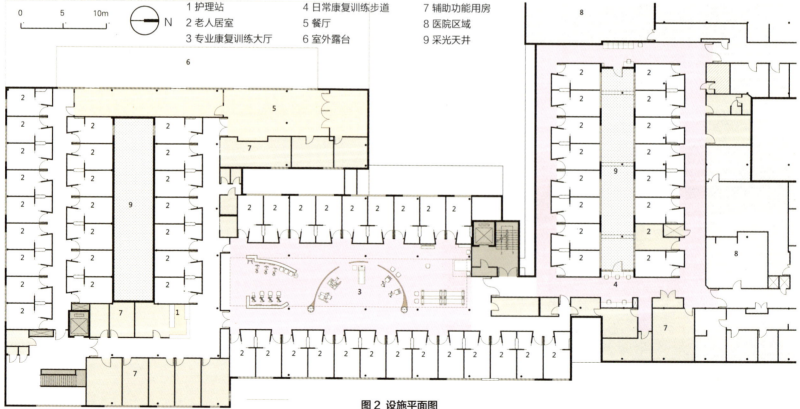

图2 设施平面图

护理设施与医院相互连接,实现医养结合

老年康复护理设施内设有60间单人居室,1处专业康复训练大厅和1条日常康复训练步道,另设有餐厅、室外露台等公共活动空间,以及护理站、治疗室、办公室、储藏室、污物间等辅助服务空间(图2),整体布局紧凑高效。建筑进深较大,中部利用高侧窗(图3)和采光天井(图4)引入自然光线,在创造明亮、舒适生活环境的同时也更节地。

设施与医院的空间相互连接,通过设置门来划分功能区域(图5)。平时门是封闭的,设施与医院可实现独立运营,互不干扰。必要时,可将门打开,方便医院的医护人员来到设施当中为老年人提供"上门服务",也方便老年人往返于医院和康复护理设施之间完成就医、检查和转院等流程。这种空间上的密切联系,不仅拉近了医疗服务与老年康复护理服务之间的物理距离,更促进了二者的融合发展。

图3 专业康复训练大厅的高侧窗

图4 居室部分的采光天井

图5 康复中心与医院连接处的门和通道

设计特色①

鼓励老年人自主参与康复训练

荷兰贝亨奥普佐姆 | 老年康复护理中心

与老年人照料设施不同，老年康复护理设施作为老年人康复训练期间的临时居所，更加注重提供康复服务，而非长期护理和生活照料服务，旨在帮助入住老人尽快康复，回归家庭，尽量不占用过多的公共资源。因此，提升康复服务的质量和效率成为空间环境营造的核心目标。为了鼓励老年人积极参加康复训练，提升康复训练效果，设施从空间设计、服务模式、设备选型等多方面考虑，对入住老年人的康复活动进行了详细规划。

▶ 居室设计——简化空间布置，鼓励老年人走出居室

居室可能是入住养老设施的老年人最常使用的空间，但对于入住康复护理设施的老年人而言，长时间"宅"在居室并不利于恢复身体机能。为了鼓励老年人走出居室开展康复训练，设施"故意"将居室设计得较为紧凑，通过简化空间布置（图6），在满足基本使用功能的前提下，弱化了老年人对居室的"眷恋"。康复空间临近居室布置，方便老年人自主前往，充分激发他们走出居室、参与康复训练的积极性。

图6 布局紧凑简洁的老年人居室

▶ 服务模式——注重保持老年人自立生活的能力

本设施在服务模式方面也非常注重保持老年人自立生活的能力。例如，设施中的一日三餐会按时摆放在餐厅取餐台上，供老年人自助选取。如无特殊情况，所有入住老年人均需自行前往餐厅并独立完成取餐和用餐，护理人员仅负责保障老年人的安全，而不会轻易提供帮助，以此来维持老年人的身体机能。

< 点评　怎样营造"像家一样"的设计？

读到这里不难发现，国外大部分养老建筑在设计与运营中都特别强调"像家一样"的设计，那该如何营造家一样的氛围呢？

其实，营造居家感的手法非常多样，甚至连家具部品的选择都扮演了很重要的角色。

例如，本设施中的自助取餐台由高低不同家具拼接在一起（图7），尺度比较符合不同供餐设备的高度需求，这些家具的材料、颜色也与家庭中常用的家具类似，再配合插花等装饰，共同形成了像家庭一样的氛围。

图7 老年人自助取餐

日常康复训练步道——设置若干康复设施"站点"

设施将一条环形走廊打造成为日常康复训练步道（图8），沿途设置若干"站点"，每个站点配有不同的康复训练器材或道具，并附有使用说明，供老年人自主开展一些富有趣味性的康复活动（图9）。入住老年人在设施内"散步"的过程中，会自然而然地"路过"这些站点，被其所吸引，并尝试参与相应的活动，逐渐形成每天"绕场一周"的习惯。设施通过打造兼具功能性和趣味性的日常康复训练步道，不仅激发了老年人参与日常康复活动的积极性和自主性，也对老年人身体机能的恢复和维持起到了很好的促进作用。

> **＜ 点评　　透过图片细节，探究设计巧思**
>
> **窗边明亮空间的好处：**
> 设施中间的庭院采光良好，因此在平面布局上，走廊靠庭院的一侧稍稍向内退，扩出一个公共空间可以促进停留、对话行为的发生。
>
> **不同座椅选型的作用：**
> 图8中有两种座椅，比较"重"的沙发，引导人可在此长时间休息就坐，比较"轻"的椅子，易于挪动，方便灵活；两种座椅位置相对，便于创造老年人之间、老年人和护理员之间的对话。
>
> **迎光面 VS 背光面的考量：**
> 这两种座椅分别处于迎光面和背光面。在和护理员沟通的过程中我们了解到，当老年人坐在迎光面的时候，护理员可以清楚地观察到老年人的面部表情，确认他们的身体状况；如果老年人觉得光线刺眼，也可以选择坐在背光面。提供两种摆放方式，可方便老年人自由选择。

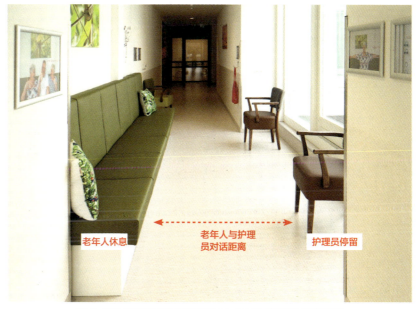

图8　借助走廊串联康复活动站点，形成日常康复训练步道

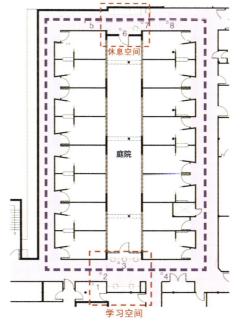

日常康复训练步道在沿途的墙壁上张贴有"飞鸟"标志，并在两端设置了8个康复站点：

1 触摸飞鸟；
2 磁铁贴画；
3 摆放餐具；
4 横向移动；
5 转动圆盘；
6 上肢力量训练；
7 腿部力量训练；
8 训练奖励百宝箱

-·-·- 康复步道　　○ 康复站点

图9　康复训练步道平面图及站点分布图

设计特色②
专业化、生活化的康复训练大厅

荷兰贝亨奥普佐姆 | 老年康复护理中心

设施内设有一处专业康复训练大厅，以供老年人在康复治疗师的指导下开展针对性的康复治疗（图10、图11）。康复训练大厅两侧设置了老人居室，并利用矮墙和绿植的"柔性"遮挡各类设施设备。这样既保证了周边老人居室的私密性，又不显得封闭。

图10 专业康复训练大厅通过侧高窗引入自然光线，通过矮墙与绿植划分功能区

< 点评   居室、康复空间毗邻的好处？

国内很多设施将康复训练空间设置在一层公共区域，居住在楼上的老年人往往觉得前往不便，从而造成该空间使用率不高。而本设施将居室及康复空间毗邻设置，有何好处呢？

该设施的理念在于把生活和训练相结合。老年人走出居室就能看到脚踏车、体感游戏等训练器械，会更容易参与其中。同时，也方便大厅里的康复护理员一边帮助老人康复一边关注老人的状态。位于大厅角落的体感游戏区很可能是后期增设的，这提醒了我们，做设计的时候要为将来升级设备预留空间。

在调研中，设施的工作人员与我们特别强调，他们给老年人的康复训练目标并非"让老年人走向社会（工作生产）"，而是"帮助老年人恢复自立（独立生活）"。

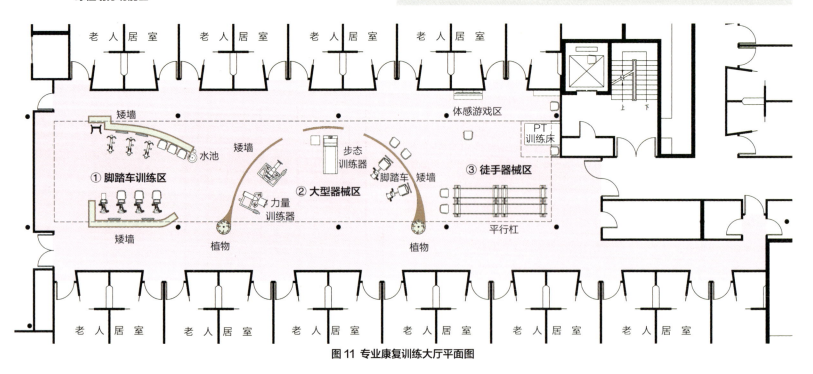

图11 专业康复训练大厅平面图

▶ **脚踏车训练区**

脚踏车训练区（图12）利用矮墙设置配套的电源插座和电视屏幕，既满足了设施设备的安装和使用需求，又为老年人的康复训练过程增添了趣味。老年人可以在训练的同时观看影像，愉悦身心。矮墙一端设有直饮水池，并提供纸杯、洗手液和纸巾，设备旁设有休息座椅，方便老年人休息和等候。

▶ **大型器械区**

大型器械区（图13）采用圆弧矮墙形成更具围合感的训练区域，弧形墙体的高度随着设备的高度而变化，营造出自由活泼的空间形态。康复器械向心布置，有利于老年人在康复训练过程中进行语言、视线和肢体等方面的交流与互动。

▶ **徒手器械区**

徒手器械区（图14）相较于上述两个空间更加灵活，预留有相对开阔的活动场地，供康复治疗师组织开展不同规模和形式的康复活动。徒手训练区设有平行杠、PT床等大型康复训练设备，可供老年人在康复治疗师的指导下开展针对性的运动训练。

图12 脚踏车训练区

图13 大型器械区

> **< 点评　PT训练床的位置与遮挡**
>
> 国内很多设施的康复训练空间，喜欢把训练床放在大厅的正中间，老人躺上去会有一种被围观的尴尬感。这里的设施是怎么处理的呢？
>
> 本设施将训练床放在角落，如果老人对隐私比较敏感，可以灵活使用帘子适当遮挡（图14）。

总体而言，专业康复训练大厅的设计打破了传统康复空间固有的呆板样式，通过灵动的空间形式和人性化的细节设计，为老年人创造出了舒适的康复训练环境。

PT床设置于角落并可用帘子遮挡

图14 徒手器械区

设计特色③
借助智能化设备优化康复训练体验

除了营造适宜的康复空间外,中心还引入了多种智能化设备,通过科技手段为康复训练赋能。

▶ 智能化的步态评估系统

步态评估系统(图15)能够根据老年人在器械上的步行情况分析其步态特征,并给出有针对性、精细化的训练方案。训练时,器械可通过投影将训练内容以图案的形式投射到传送带上,通过互动辅助老年人开展步幅、步速、躲避障碍等方面的训练,并利用多种传感器捕捉和分析训练效果,给出进一步的训练建议。工作人员表示,系统投入使用后,他们对老年人步态情况的掌握更加准确,制定的训练方案也更具针对性,不但康复效果得到了显著提升,而且还激发了老年人主动参与训练的积极性。

▶ 情景化的康复脚踏车设备

康复脚踏车设备(图16)可以和挂在矮墙上的显示器联动,老年人在进行脚踏车训练时,显示器能够模拟老年人在世界各地骑行的场景——或经过家乡熟悉的街道,或欣赏异国的美景,甚至还可以置身于各国传统节日的氛围当中,给老年人带来新鲜的生活体验。

▶ 趣味化的体感游戏设备

体感游戏设备位于徒手训练区的一侧,内置数十款专门针对老年人的康复游戏。每个游戏的训练目的各有侧重,涵盖视觉、认知、力量、耐力、平衡性、灵活性等诸多方面。游戏难度可灵活调节,以适应不同身体状况的老年人。例如我们调研时,老年人正在进行"蚂蚁过桥"游戏,锻炼的是老年人的视觉-肢体协调能力和膝关节力量,并可通过在老年人的脚踝上佩戴沙袋来增加难度。借助体感游戏设备,原本枯燥的体能训练转变成趣味小游戏,成为老年人最喜欢的康复训练项目之一。

图15 智能化的步态评估系统

图16 情景化的康复脚踏车设备

▶ **体感游戏设备举例——"蚂蚁过桥"**

在"蚂蚁过桥"游戏界面当中,屏幕两侧会随机出现搬运食物的蚂蚁,它们的目标是把食物搬运到屏幕中心的蚁巢(图17)。搬运途中存在两处断崖,游戏中,老年人的左右小腿分别控制断崖处的两块石头,他们需要根据蚂蚁的通行情况在适当的时间抬腿,将对应的石头升起,并保持一小段时间,以帮助蚂蚁顺利通过(图18)。

图17 "蚂蚁过桥"游戏界面

图18 "蚂蚁过桥"游戏场景

▶ **小结**

康复护理不同于普通的生活照料服务,其具有强烈的目标导向和专业化特征,更加强调服务的质量和效率。荷兰贝亨奥普佐姆市的这家老年康复护理中心,通过精细化、人性化的空间设计和智能化、科技化的设施设备,为老年人营造了适宜的生活环境,并充分调动了老年人参与各项康复训练的积极性,达到了很好的康复训练效果,实现了"帮助老年人早日回归家庭"的服务目标。

图片来源:
1. 图1、图2、图9、图11改绘自设施的功能分区图和防火疏散图;
2. 图3、图4来自 https://berghbouwsystemen.nl/project/moeder-kindcentrum/;
3. 图12来自 https://silverfit.com/en/products/silverfitness-room;
4. 其他图片均来自周燕珉工作室。

参考文献:
[1] KRONEMAN M, BOERMA W, GROENEWEGEN P, et al. The Netherlands: health system review[J]. Health Systems in Transition, 2016, 18(2): 1–239.
[2] ACTIZ. Infographic GRZ 2019 [EB/OL]. [2020-08-21]. https://www.actiz.nl/ouderenzorg/zorg/geriatrische-revalidatiezorg/feiten-en-cijfers-over-de-grz
[3] 秦岭,梁效绯. 荷兰贝亨奥普佐姆老年康复护理中心[J]. 建筑创作,2020(5):108-113.

> 这是一座屡获殊荣的现代建筑,也是鹿特丹郊区艾瑟尔蒙德市的地标,其建筑外观具有极强的个性特征。该建筑是一栋租赁型老年公寓,旨在为老年人提供像家一样的独立居所。

老年公寓
地标建筑
租户自治

3

荷兰鹿特丹
德普卢斯普伦堡老年公寓

Rotterdam, Netherlands
De Plussenburgh Apartment for the elderly

- 所 在 地：荷兰鹿特丹市
- 开设时间：2006 年
- 设施类型：租赁型老年公寓
- 总建筑面积：15678m²
- 建筑层数：两栋楼，分别为 7 层和 17 层
- 居室总数：104 套
- 居室类型：5 种，以两室一厅为主，面积在 80～100m² 之间
- 收费标准：每月 819～1190 欧元（房租）+70 欧元（服务费）
- 员工人数：仅有 1 名兼职管家
- 服务对象：55 岁以上的老年人
- 入住人数：130 位
- 设计团队：阿伦斯·格劳夫建筑设计事务所（Arons en Gelauff Architecten）

项目概述

荷兰鹿特丹 | 德普卢斯普伦堡老年公寓

服务型公寓 + 租户自治

▶ 项目概述

德普卢斯普伦堡（De Plussenburgh）老年公寓源于 2001 年一项以"退休住房"为主题的设计竞赛，最终由阿伦斯·格劳夫建筑事务所获胜。该项目的设计灵感来自现代社会对老龄化的"拒绝"，设计师认为老年人也是自由活泼的群体，其住所不应是呆板生硬的，因而提出"彩色公寓楼"的概念，来迎合"新老年人"的审美品味。项目定位为租赁型公寓，位于城市的黄金地段，紧邻一家护理院，附近还有购物中心、轻轨站等（图 1），为入住老人的日常生活带来了便利。

图 1 项目周边环境

▶ 连锁公寓 + 租户自治

该老年公寓为鹿特丹老年住房基金会 SOR 所有①。SOR 成立于 1986 年，是鹿特丹最大的专业住宅协会，旨在为鹿特丹的老年人，尤其是低收入老人提供高质量住房。SOR 目前拥有 58 栋连锁住宅公寓楼，共计 5300 多套居住单元，遍及鹿特丹及其周边共 6 个城市。这些公寓根据建筑本身及周边环境的特点分为 5 大类（图 2），老年人可根据自己的性格特点、收入状况等确定住房需求，从 SOR 平台选择适合自己的公寓租住。本项目属于其中的"豪华舒适型"②。

为响应 SOR "让人人都能像在家一样生活"的口号，本项目实施"租户自治"模式，由入住老人自主选举居民委员会，负责组织活动、关心大家的日常生活，并代表租户向运营方寻求帮助。公寓不提供照护服务，未配置护理服务团队，仅由 SOR 分派 1 名管家负责保洁维修等基础服务③，租户可自行联系或由 SOR 帮助寻找居家照护团队提供上门服务。

截至 2019 年，公寓共入住 130 位老人，平均年龄 80 岁。其中，大约 40% 只需要基础家政服务，有 25% 需要额外的个人生活护理，如助浴、协助穿衣和如厕等。SOR 会为需要更多医疗照护的老年人配备个人应急呼叫设备，以便及时发现问题给予帮助，同时公寓附近的护理院也可为他们提供上门的医疗照护服务。

1. **精细服务型老年公寓**：注重医疗护理，为老年人提供定制化服务

2. **经济适用型老年公寓**：公寓租金低，可申请住房补贴，邻近设有护理服务设施

3. **豪华舒适型老年公寓**：建筑外观醒目，位于城市黄金地段或安静的郊区，周边有很多便利设施，居室面积较大，空间宽敞

4. **郊区私密型老年公寓**：选址于安静的、绿化好的郊区，具有很好的骑行或步行环境，建筑整体规模较小，可容纳的人数较少

5. **城中热闹型老年公寓**：选址于城市中心，公寓设有可满足老年人各类社交需求的室内外活动空间

图 2 SOR 的五大公寓类型

---

① 全称为 Stichting Ouderenhuisvesting Rotterdam，主要职责是寻找市场上的空置用房，将其改造成老年人负担得起的住房，并监督和维护这些物业。除住宅公寓楼外，SOR 还拥有 22 家疗养院，共 2000 张床位，以出租的形式，交由专业医疗护理团队运营。

② 德普卢斯普伦堡老年公寓每月租金为 819～1190 欧元，比其他公寓的平均租金高出 100～300 欧元，套型面积也相对更大，属于 SOR 五大公寓类型中的"豪华舒适型"。

③ 德普卢斯普伦堡老年公寓管家的主要职责包括：保证建筑内部及周边环境的干净整洁，处理住户的技术困难及维修申请，回答住户关于日常生活及周边设施的问题。租户若遇到紧急状况，也可自行在网上提交申请，以及时获得帮助。此外，SOR 会派专职人员对公寓进行一周 3 次的公共维修和保洁。

功能布局

一层：门厅 + 后勤办公 + 共享空间

公寓采用"十字交叉"的建筑形体，17层高的竖向塔楼与7层高的架空水平板楼连接在一起，造型独树一帜（图3）。建筑立面采用波浪形阳台营造出三维立体感（图4），另一侧立面装有200多块红、黄、橙和紫色的自洁玻璃板，色彩缤纷。建筑底层架空，下方设有水上休闲空间及室外花园，地面无高差，方便使用轮椅、助行器和代步车的老年人顺利通行（图5）。

图3 "十字交叉"的建筑造型

图4 具有三维立体感的公寓立面

图5 架空水平板楼下方的水上休闲空间

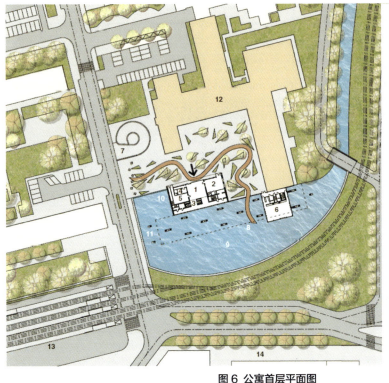

图例：

1 门厅
2 健身房
3 电梯
4 办公室
5 储藏室
6 共享空间/会客活动室
7 地下停车库入口
8 人行道/观景台
9 水池
10 DP公寓（竖向塔楼部分）
11 DP公寓（水平板楼部分）
12 毗邻的护理院
13 轻轨站
14 购物中心

图6 公寓首层平面图

公寓首层（图6）包括南北两个独立区域，北侧设有入口（图7）、门厅、办公、后勤空间；南侧为可供租户自由活动的共享空间。公寓共设有三部电梯、二部楼梯，其中一部电梯及一部楼梯仅供消防疏散使用。

图7 公寓主入口

二至十七层：居住空间

公寓二至十七层均为居住空间。四至十层每层设有 11 套公寓（图 8），二层、三层及十一至十七层每层设有 3 套公寓（图 9），共计 104 套，其中 2 居室 40 套、3 居室 61 套、4 居室 3 套，面积在 80～100m² 之间（图 10、图 11）。

图 10 不同户型公寓实景（1）

图 8 公寓四至十层平面图

图 11 不同户型公寓实景（2）

图 9 公寓十一至十七层平面图

设计特色 ①
多功能的共享空间：鼓励住户自发组织活动

该公寓在毗邻护理院的首层南侧，布置了面积约 250 ㎡ 的共享空间，作为公寓最主要的活动空间（图6、图12），住户可从门厅穿过室外花园到达，也可以乘电梯直达。空间三面均以玻璃围合，宽敞明亮（图13），像一个"漂浮"在水上的方盒子，具有良好的景观视野，在很大程度上吸引了老年人前来活动。

图12 位于公寓首层南侧的共享空间

图13 共享空间三面玻璃围合，宽敞明亮

室内布置了读书角、影音区、餐饮区、水吧等各类功能区域，供老年人组织活动时使用。活动空间配置的家具轻便灵活，可自由组合，便于老年人根据活动需求灵活摆放。虽然公寓仅设置了这一处共享活动空间，但空间功能丰富，灵活性强，可基本满足老年人的社交活动需求。据介绍，租户们每周在这里自发组织一次活动，大家聚在一起聊天、制作饮品、做游戏，还会举办沙弧球（shuffle board）比赛，为老年生活增添了不少乐趣（图14～图16）。

图14 共享空间中的影音区

图15 共享空间中的图书区

图16 共享空间中的水吧

设计特色 ②　　　　　　　　　　　　　　　　荷兰鹿特丹｜德普卢斯普伦堡老年公寓
五彩斑斓的走廊：促进住户交往、展示自我

该建筑在设计上最突出的特点之一就是走廊一侧布置的多色玻璃板。在阳光的照耀下，走廊显得五彩斑斓，极具吸引力（图17）。

图17 五彩斑斓的艺术走廊

▶ 门前休息区——创造交往机会

走廊宽2.2m，一些老年人会将座椅、茶几等简单的家具搬到这里，布置成门前休息区，在这里俯瞰窗外美景，同时创造彼此交流的机会（图18）。

▶ 艺术展示窗——展示自家风采

每套公寓朝向走廊一侧均设有水平条窗，窗户不仅增加了室内的自然采光，还被住户当作"展示窗"，用以展现自家风采（图19），走廊也因此被称为"艺术廊"。

图18 老年人自发在走廊布置的休息交流区

图19 面朝走廊的长窗即可增加采光又可展示家庭特色

设计特色 ③
开敞自由的居室：为住户日常生活提供便利

▶ **自定空间——根据需求进行个性化布置**

公寓共设有 5 类户型，包括两居室、三居室和少量四居室，每套户型中均设有一个被称为"自定空间"的房间（图20）。老年人可根据自己的需求决定其使用功能，对其进行个性化布置：有的老年人将其作为次卧（图21），有的把它布置为书房或工作室（图22），而大多数老年人拆除了该空间的围合墙体，获得了一个更大的起居厅（图23）。公寓除了配有基础的洁具、厨具外，并未配置其他固定的家具设备，租户可自带家具，将其布置成自己理想中家的模样。

图 21 "自定空间"作为次卧

图 22 "自定空间"作为书房

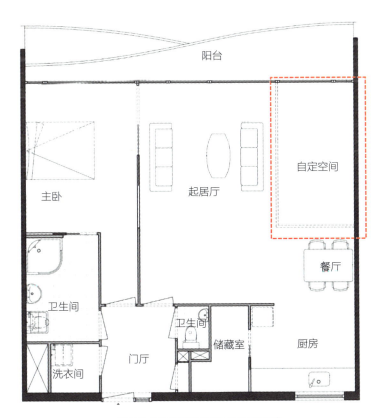

图 20 每套户型均设有"自定空间"

图 23 "自定空间"的隔墙被拆除，打造成更宽敞的起居厅

荷兰鹿特丹 | 德普卢斯普伦堡老年公寓

开敞自由的居室：为住户日常生活提供便利

▶ 自由平面——创造回游动线方便活动

户型设计还实践了"自由平面"的理念，空间分隔较少，且多使用推拉门，创造了回游动线（图24）。室内空间宽敞、地面无高差，保证使用轮椅的老年人通行便捷无障碍，方便其日常活动，也为护理服务提供了便利。

此外，当推拉门都打开的时候，室内空间视线贯通，十分通透（图25），不仅增加了房间的视觉面积，还能更多地促进家人们相互交流。

图24 套内空间分隔少且设置多处推拉门创造了回游动线

图25 不同房间的推拉门都打开时，视线通透

▶ 小结

德普卢斯普伦堡老年公寓很好地践行了"原居安老"的理念。一方面，建筑邻近护理院，并和多家居家养老服务团队合作，可方便地获得护理服务，为入住老年人的医疗护理需求提供保障；另一方面，建筑设计充分考虑了开展服务的空间需求，设有大而开敞的居室，室内空间贯通，无高差无门槛，设有紧急呼叫系统等，保证了入住老年人生活起居的安全与获得服务的无障碍。软硬件设施的合理搭配打造了一个能让老年人在此安心"居""养"的住所。此外，老年人在这里拥有绝对的自主权，能够自行决定空间使用方式、生活方式，能够有尊严地慢慢变老。

图片来源：
1. 图1来自 https://issuu.com/bx426/docs/print_fianl_final_final_booklet；
2. 图3、图4、图8、图9来自参考文献[1]；
3. 图6来自参考文献[2]；
4. 图20、图24由梁效绯改绘自参考文献[3]；
5. 其他图片均来自周燕珉工作室。

参考文献：
[1] https://www.archdaily.com/3959/de-plussenburgh-arons-en-gelauff-architecten
[2] REGNIER V. Housing design for an increasingly older population: redefining assisted living for the mentally and physically frail [M]. Hoboken, New Jersey: John Wiley & Sons, 2018.
[3] https://www.sor.nl/
[4] 陈瑜. 荷兰鹿特丹德普卢斯普伦堡老年公寓 [J]. 建筑创作, 2020(5):114-119.

调研札记

本次调研由1名SOR的负责人及2名在公寓租住的老年人全程陪同解说,参观过程中遇到了很多令人眼前一亮的场景。两位老年人热情地向我们展示自己的家、自己的兴趣爱好和日常生活。从他们自豪的表情中,我们能深刻感受到他们在这里的幸福生活:住在地标建筑中,享受自由的生活,既有独处空间,又可和同龄伙伴分享乐趣、互帮互助。这应该是每个人都向往的老年生活吧!

共享空间中的水吧　　01

共享空间中设置了一个水吧,可售卖洒水饮料。带领我们参观的负责人介绍:"这是由租户自营的,管理人员不参与,他们会定期进货,为伙伴们提供饮料、咖啡,生意很好。"

可爱的"挡门神器"　　02

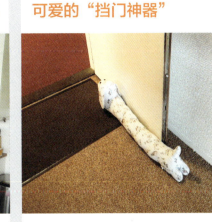

调研时发现,很多老年人的家门口都摆放了各式各样的宠物玩具,后来得知其具有挡门的功能。虽然入户门本身已经设置了吸门器,但玩偶更加可爱,趴在门口像是在跟来访或路过的人打招呼,为生活增添了更多情趣和活力,深受老年人喜爱。

Bob爷爷的收藏爱好　　03

Bob爷爷酷爱收藏,家里摆放了各类收藏柜、展示架。他对我们说:"我年轻时组过乐队,很喜欢音乐,这是我收藏的CD。这边是我女儿旅游时从世界各地带回来的石头和琉璃瓶,我太太喜欢这些艺术品,她三年前已经离世了,我要继续帮她保管这些宝贝。"

04　　"我要隐私"

公寓入户门旁设有狭长的透明玻璃门,调研发现租户们或用帘子或用玻璃砖或用百叶将其遮挡住,以保护自己的隐私。遮挡方式也成为每家每户的个性特色。

05　　阳台的"花园"

这里的租户普遍喜欢养花,阳台都种满了各种植物。富有立体感设计的栏杆加上各式的花架,为建筑的立面增添了几分生机。

调研团队与调研对象合影
于2019年8月16日

> 生命公寓是荷兰的一种较为典型的养老居住模式。本项目在选址、功能定位、空间设计特色等方面均体现出生命公寓的服务理念。

老年公寓
复合功能中庭空间

4

荷兰鹿特丹
阿克罗波利斯老年公寓

Rotterdam, Netherlands
Akropolis Apartment for the elderly

- 所 在 地：荷兰鹿特丹市阿奇列斯大街290号（Achillesstraat 290）
- 开设时间：1978年
- 设施类型：混合型老午公寓
- 总建筑面积：约34000m²
- 建 筑 层 数：护理楼12层、公寓楼6至7层、配套楼1层
- 服 务 对 象：健康、失能、认知症、日托老人
- 服 务 人 数：总人数约1000人，其中350位失能老人，120位认知症老人（6～9人/组团），24位日托老人
- 人 员 配 比：整体1:4，重度失能1:1，认知症1:1 配有由4至5名医生、20个护士组成的专业医疗团队
- 入 住 情 况：中低收入居民为主，入住老年人平均年龄82岁

项目概述

荷兰鹿特丹 | 阿克罗波利斯老年公寓

生命公寓的运营理念

▶ 生命公寓是什么？

"生命公寓"是荷兰的一种养老居住模式，其核心目标是实现老年人的"原居安老"，通过配置不同居住功能，提供多样化的配套空间和护理服务，支持各年龄段、各种身体状况的老年人长期在此生活下去。换句话说，老年人从入住之后，一直到生命的尽头，即使是身体条件发生变化，也不用担心这里的服务条件不够而需要搬离，可以安心地度过自己的晚年生活。

▶ 运营理念1：延续老年人原本的生活

生命公寓希望提供给老年人一个"完整的生活"（whole life）。很多生命公寓里设有酒吧、超市等各种活动场所，甚至还会有展览区、博物馆。这些功能空间不仅能够促进老年人互相认识、互相交流，而且可以让老年人"延续自己原本的生活"（going on their own life），不会因为入住了老年公寓，就割舍以往的爱好和生活习惯。

▶ 运营理念2：自己的人生自己做主

生命公寓秉持"自己的人生自己做主"（their life, their choice）的原则，给予老年人充分的自由。比如就餐的选择上，除了有严重认知症的老年人不鼓励到公共区用餐之外，其他老年人都可以自由选择就餐的方式，可以喝酒、泡吧，或是与亲友聚餐。此外，老年人可以自主安排各项活动，利用生命公寓的灵活空间来开展活动。

▶ 调研·访谈

周燕珉工作室与生命公寓的研究结缘已久。生命公寓的创始人汉斯·贝克（Hans Becker）先生的著作《第二人生的智慧》中文版出版前就请周燕珉教授为其作过序。2017年9月，工作室团队在美国考察期间，拜访了南加州大学建筑学院的维克托·雷尼尔（Victor Regnier）教授。雷尼尔教授对生命公寓有许多研究，并在其著作 Housing Design for an Increasingly Older Population — Redefining Assisted Living for the Mentally and Physically Frail 中使用了大量的篇幅详细剖析了数个典型的生命公寓案例。2019年，周燕珉工作室团队将此书翻译成中文出版（译名《老龄化时代的居住环境设计——协助生活设施的创新实践》）。

在这样的背景下，2019年8月工作室团队赴荷兰考察，重点调研了包括本篇所述项目在内的3家生命公寓，并与汉斯·贝克先生进行了面对面的座谈（图1）。

汉斯·贝克先生提到自己的父亲生前在护理院的生活并不尽如人意。他说，护理院一般仅关注医疗护理，会把老年人当成病人看待。医生和护士会告诉老年人该做什么，不该做什么。老年人失去了生活的主导权，感受到的大多是压抑和受限。

受到父亲在护理院生活情况的触动，汉斯·贝克先生决定改变这种负面的照护模式，于是开始倡导"生命公寓"的服务理念。他希望"生命公寓"可以为每个人提供选择的权利。老年人可以主导自己的生活，自己决定要不要出门，要不要坐轮椅，甚至要不要适当地喝点儿酒。当老年人拥有了这些自主选择的权利，他们才会真正感受到幸福和被尊重。

图1 工作室成员与汉斯·贝克先生交流

选址位于成熟社区，服务多种类型老年人

▶ **项目概述**

阿克罗波利斯（Akropolis）老年公寓位于荷兰鹿特丹市，总建筑面积约 34000 ㎡（图 2）。公寓周边是成熟社区，老年人步行即可到达附近的两个公园，搭乘公交车还可以便捷地到达附近的一家购物中心。位于城市成熟社区的选址，为老年人自主安排生活创造了环境条件，这也符合生命公寓的服务理念。

项目定位为混合型（mixed-concept）老年公寓，服务对象囊括了健康、失能、认知症以及需要日间照料服务的多种类型的老年人。为了保障这些老年人长期、持久地生活在这里，该项目为其配备了各种类型的居住及公共空间。

居住楼栋主要分为公寓楼和护理楼两大类。公寓楼是 6 层或 7 层的板楼，服务健康老人；护理楼是 12 层的塔楼，设置有单人间和双人间，供失能、认知症老人居住。一层的配套楼为各类公共活动及服务空间，包括公共餐厅、酒吧、台球室、手工室、日间照料中心等（图 3）。各个楼栋围合形成内庭院，东、西公寓楼之间架设两层高的连廊方便老年人通行（图 4）。

图 2 项目总平面图

图 3 板式的公寓楼以及塔式的护理楼

图 4 连接不同楼栋的二层架空连廊

设计特色 ①
以超市为核心打造"生活购物"氛围

荷兰鹿特丹 | 阿克罗波利斯老年公寓

从门厅进入后，首先映入眼帘的是一个规模不小、售卖商品丰富的超市，让人感到这并不是一个传统印象中的老年人建筑，而更像是一个具有活力的"商场"（图5、图6）。超市门前摆放着很多花卉进行售卖（图7），旁边的电梯厅内，工作人员还支起桌子展陈出售各类手工艺品、收藏品，呈现出一派热闹的景象（图8）。这一系列烘托"购物环境"的空间布置，营造出一个正常化的生活氛围，入住的老年人可以在这里像往常一样自由购物和交流，延续和保持自己的生命活力。

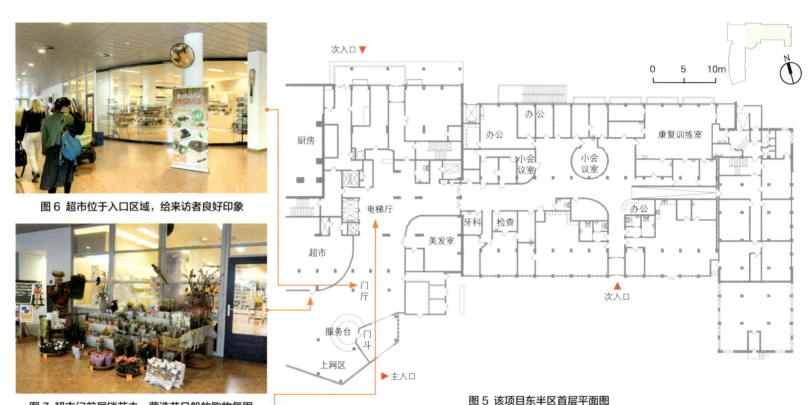

图6 超市位于入口区域，给来访者良好印象

图7 超市门前展销花卉，营造节日般的购物氛围

图5 该项目东半区首层平面图

图8 工作人员在电梯厅进行展陈、售卖

图9 展陈柜内放置老式美容美发用品及桌游棋牌

在走访调研荷兰生命公寓的过程中，我们发现这些公寓都十分注重展陈各类收藏品。例如，该公寓在各处走廊及活动空间中设置了多处展陈"老古董"的柜子，以此来引发老年人的回忆、促进人与人之间的交流（图9）。

设计特色 ②
设置自由餐区，供老年人自主选择用餐形式

位于项目首层的公共餐厅设有多个用餐区，分别配置了不同形式及不同人数的灵活餐位，让老年人无论是小范围交谈，还是大规模聚会，都可以找到适合自己的位置（图10、图11）。餐厅内还设置了一个环境舒适的酒吧，老年人可以在这里喝上一杯，与其他人自由交流（图12）。

餐厅旁边设有自助餐台，鼓励老年人自主选餐。餐台间的通道宽度考虑了各类助行器具的通行要求，不同身体状态的老年人都可以自助取餐（图13）。这启发了我们，在养老建筑设计中，适当放大通行空间的尺度，可以为老年人的电动坐具留出空间，支持老年人无障碍独立通行，同时可以减轻护理员工作负担。

除了作为用餐空间以外，餐厅还兼作阅览室和棋牌室，餐边柜内放有书籍和桌游，供老年人阅读或娱乐（图14）。

餐厅的设计使得老年人可以自主选择用餐形式，并且可以灵活自由地在餐厅内开展各项活动。

图10 开敞用餐区设置供3~6人围合而坐的圆桌

图11 方桌平时可供2~4人用餐，必要时也可拼合为十余人聚餐的形式　　图12 供老年人交流、休闲的酒吧

图13 自助餐台的设计允许使用不同助行器具的老年人自助取餐　　图14 餐厅兼具阅读、娱乐等多种功能

设计特色 ③

设置大中庭，便于老年人自由安排活动

荷兰鹿特丹｜阿克罗波利斯老年公寓

与其他大多数生命公寓一样，该项目也设有一个大中庭（图15）。中庭平面自由、空间开敞，可用于做操、跳舞、棋牌、集会等各类社交活动。老年人可以灵活利用中庭空间，自发组织各项活动或形成各类社团。相较于美国的持续照料退休社区CCRC（continuing care retirement communities），荷兰生命公寓普遍采用内部有中庭的中高层建筑形式。这种做法有利于创造出紧凑的、围绕中庭和电梯布置的平面形式，便于上门服务的垂直配送，并形成回游动线，缩短护理人员的行走距离（图16、图17）。

▶ **中庭面向周边社区开放，促进交往**

生命公寓的中庭及其他公共空间均对周边社区开放，入住老人可以和周边社区的居民进行日常交流，比如一起举办音乐节、演讲比赛甚至是马戏团表演等活动。另外，中庭紧邻餐厅和酒吧，也可作为餐饮空间的延续。

图15 老年人在中庭内休憩、聊天

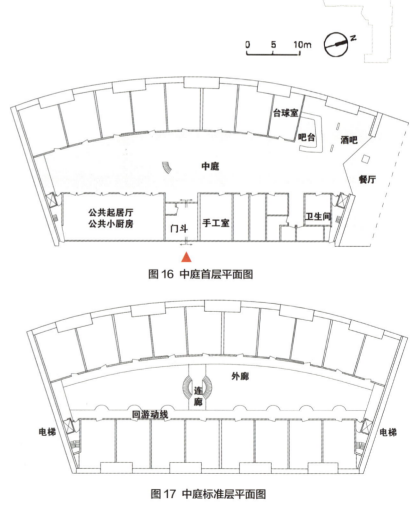

图16 中庭首层平面图

图17 中庭标准层平面图

▶ 通过灵活改变桌椅布局，满足多种活动需求

当中庭进行不同活动时，仅需改变桌椅布局就可满足使用需求。中庭地面也为此采用了木地板、地毯等多种材质，可以为各种活动划分不同的区域。在我们调研过程中就看到了几种桌椅不同的活动布局形式（图18）。

另外，中庭两侧设有台球室、手工室等欧美地区老年人常见的活动空间（图19）。这样设计使得中庭开敞空间和独立活动空间能够自然地融合在一起，更好地满足了老年人不同的活动需求。

分组活动　　　　　　　　　集体活动

围圈做操　　　　　　　　　跳舞

图18　中庭桌椅在各种活动时的布局

图19　中庭两侧的台球室和手工室

设计特色 ④

空间细节设计关注老年人和护理员需求

荷兰鹿特丹 | 阿克罗波利斯老年公寓

▶ 主入口设置折线形门斗

折线形门斗可适当增强挡风效果,并创造不易被打扰的宜人空间(图20)。门斗内采光良好的区域设置了休息座椅。

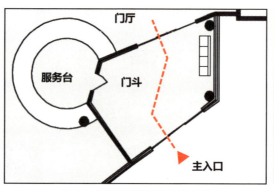

< 点评　需重视门斗的设计

合理的门斗设计,可以产生很多好处:①冷热空气的过渡,避免老年人出入时体感温度瞬间变化;②光线的过渡,让老年人出入时眼睛能够慢慢适应;③洁污的过渡,例如疫情期间,可以作为访客停留测温的区域。

图20 主入口折线形门斗示意图

▶ 利用天窗为室内走廊采光

一层的公共活动空间进深较大,其室内走廊的上方设有多个天窗,形成良好的采光效果(图21)。

图21 一层走廊上方的天窗

▶ 注重装饰,融合东方元素

生命公寓的空间特征之一是强调视觉刺激与艺术体验,因此十分注重走廊等公共空间的装饰,基本上每个生命公寓都有其独特的装饰风格。该项目的装饰带有较为浓烈的东方色彩,容易给人留下深刻的印象。有特色的艺术品促进了老年人之间的交流,也给予了老年人精神的熏陶(图22)。

图22 装饰、陈设中的东方元素

▶ 配置视线、动线通达的圆形服务台

门厅的服务台设置为环形，并位于两条主要通道的交叉处，视线、动线通达。服务台内还设有直接通向门斗的门，便于工作人员出入（图23、图24）。这样的设计可以保证仅需一个工作人员就能够兼顾门斗、门厅、超市和上网区等区域的服务，节省了人力资源。

图23 门厅处圆形服务台

图24 服务台位于两条主要通道的交叉处

▶ 小结

该项目选址于成熟社区，采用护理与自理相结合的居住模式以及丰富多样的公共空间配置手法，使生命公寓的服务理念在空间上得到了很好的落实和呈现。

在我国，受气候条件、运营成本、得房率等诸多因素的影响，生命公寓的开敞大中庭、功能丰富的餐厅和公共配套模式都暂时难以实现，但其混合居住功能、同时服务健康老人和需要护理的老人以及延续老年人生命活力的服务理念依然值得我们思考和借鉴。通过打造生命公寓这种综合型、多功能的养老项目，可以更好地帮助老年人实现"原居安老"的愿望，安稳而幸福地度过晚年生活。

图片来源：
1. 图2来自谷歌地图；
2. 其他图片均来自周燕珉工作室。

参考文献：
[1] Regnier V. Housing design for an increasingly older population: redefining assisted living for the mentally and physically frail. Hoboken, New Jersey: John Wiley & Sons, 2018.
[2] 该项目官网 http://www.stichtinghumanitas.nl/home/homepage/locaties/akropolis/
[3] 李广龙，张泽菲. 荷兰鹿特丹阿克罗波利斯老年公寓[J]. 建筑创作，2020(5):120-125.

> 该养老设施采用了极具特色的小组团庭院式布局，并以组团厨房替代了护理站，最大化地为老人营造家庭般的生活氛围，很好地诠释了北欧国家分散式管理与定制化照护的先进理念。

\# 养老设施

\# 小组团照料单元

\# 庭院式布局

\# 定制化照护

5

丹麦欧登塞
艾特比约哈文养老照料中心

Odense, Denmark
Ærtebjerghaven Care Center

- 所 在 地：丹麦欧登塞市
- 开 设 时 间：2005 年
- 设 施 类 型：护理型养老设施
- 总建筑面积：约 3600m²
- 建 筑 层 数：地上 1 层
- 居 室 总 数：共 45 间，分为 5 个组团，每个组团 9 间
- 居 室 类 型：一室一厅套间，每套面积约 38m²
- 员 工 人 数：35～40 人
- 服 务 对 象：包含认知症老人在内的各类老年人
- 设 计 团 队：施密特·哈默·拉森建筑设计事务所
  （Schmidt Hammer Lassen Architects，SHL）

项目概述

丹麦欧登塞 | 艾特比约哈文养老照料中心

分散式管理 + 定制化照护的运营理念

▶ 项目概述

艾特比约哈文（Ærtebjerghaven）养老照料中心位于丹麦第三大城市欧登塞（Odense）。该项目位于城市近郊，距离市中心约6.6km。周边为居住区和绿地（图1），自然环境安静优美，适宜老年人外出散步，附近建有商店、小超市等便民生活设施。

该中心为公立养老照料中心，由欧登塞市政府负责经营[①]。由于丹麦的公立养老照料中心是按老年人的需求等级分配的，老年人在申请入住时需要联系当地政府进行评估并确定入住顺序——最需要入住的老年人享有优先入住权，其他老人则需耐心排队等待[②]（图2）。入住这家设施的老年人来自周边居住区和欧登塞市其他地区，患有认知症的老年人占设施目标人群的85%～90%。

▶ 分散式管理，给予老人尊重

该中心打破传统护理院的集中式管理模式，建立了小组团、分散式的管理体系。基于"给老年人以尊严，让他们感受到被关注、被聆听与被尊重"的核心价值观，中心提出了三大愿景与目标：①让老年人获得尽可能多的独立性，从而有机会享有更多的共同决定权和生活乐趣；②给予每位老年人自由、安全、安心的体验以及对美好生活的希望；③避免产生社会隔绝，让老年人有较高的心理健康水平。

▶ 定制化照护，注重亲属协作

该中心推行定制化照护服务，希望根据每位入住老人的生活状态，通过对话交谈等方法，帮助老年人找到个人目标及日常生活目标，同时为其确定实现这些目标所需作出的自身努力。中心会将这些目标写入每位老年人的照护计划中，并让老年人、护理人员和老年人的亲属共同协作完成[③]。在这个过程中，中心会定期根据老年人的意愿、能力，不断地评估和调整照护计划，从而确保老年人能够实现个人目标，过上更为安全、有意义和高质量的日常生活。

图1 项目及周边环境　图2 有入住意愿的老年人前来参观

> **＜点评　丹麦养老设施的三种类型**
>
> 丹麦养老设施可以划分为三种类型，本设施是哪一种呢？
>
> 第一种类型是护理院，采用类似医院病房的集中布局，目前已逐步被淘汰。
>
> 第二种属于养老照料中心，是目前丹麦政府重点推动的建设类型。本中心即属此类型。
>
> 第三种类型是退休住房，通常由一些私营机构建设并运营，与公立养老照料中心形成竞争。

---

① 丹麦大部分养老设施都根据《公共住房法》建设，属于市政住房供应的一部分。截至2019年，欧登塞共有26家养老设施，其中21家由政府建设和运营。
② 作为典型的北欧高福利国家，丹麦拥有完善的医疗和养老保障制度。老人可在养老设施享受免费的护理服务，只需支付房租、伙食费以及水电费、暖气费等。
③ 欧登塞市政府在2019年春季颁布了《亲属政策》，目的在于发挥亲属在老人养老生活中的重要作用，搭建老年人与养老中心沟通的桥梁。

整体功能布局
小组团庭院式布局，呼应管理模式

由于用地比较宽裕，该中心的平面布局采用了小组团、庭院式的布局，很好地呼应了分散式的管理模式。

从建筑整体布局来看，该中心的 45 间居室被划分为 5 个小组团，依次编号为 B、C、D、E、F（图 3），每个组团分别配备专属的照护团队并实行自主管理（图 4）。5 个组团分别设置于 5 个独立的建筑体块之中，并由一条长条形的管理建筑及连廊串联（图 5）。每个组团在保持适宜居住规模（9 人）的同时，均配套了完整的公共活动空间及必要的后勤辅助空间，以满足各自独立运营的需求。

从建筑外观及造型来看，每个组团体块的坡屋顶及外墙的瓦片（图 6）很容易让人联想到欧登塞传统住宅的造型元素，这也使建筑整体看上去更像是几栋散落在田野上的独立住宅。

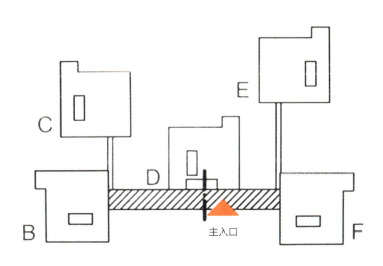

图 3 中心被划分为 B、C、D、E、F 5 个组团

图 5 中心由 5 个组团体块及一栋长条形建筑构成

图 4 中心人员信息栏：从左至右依次为设施主管、各组团老年人名单及护理人员照片、其他后勤人员

图 6 外墙瓦片具有欧登塞传统住宅特色

组团功能布局

居室以公共空间为核心，布局紧凑

丹麦欧登塞 | 艾特比约哈文养老照料中心

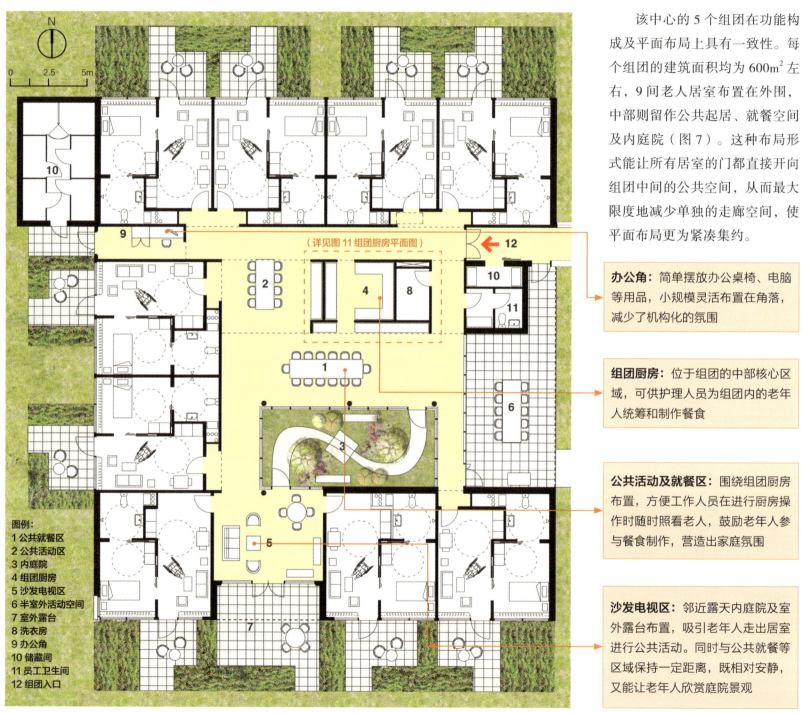

图7 组团平面图

该中心的5个组团在功能构成及平面布局上具有一致性。每个组团的建筑面积均为600 m^2 左右，9间老人居室布置在外围，中部则留作公共起居、就餐空间及内庭院（图7）。这种布局形式能让所有居室的门都直接开向组团中间的公共空间，从而最大限度地减少单独的走廊空间，使平面布局更为紧凑集约。

办公角：简单摆放办公桌椅、电脑等用品，小规模灵活布置在角落，减少了机构化的氛围

组团厨房：位于组团的中部核心区域，可供护理人员为组团内的老年人统筹和制作餐食

公共活动及就餐区：围绕组团厨房布置，方便工作人员在进行厨房操作时随时照看老人，鼓励老年人参与餐食制作，营造出家庭氛围

沙发电视区：邻近露天内庭院及室外露台布置，吸引老年人走出居室进行公共活动。同时与公共就餐等区域保持一定距离，既相对安静，又能让老年人欣赏庭院景观

图例：
1 公共就餐区
2 公共活动区
3 内庭院
4 组团厨房
5 沙发电视区
6 半室外活动空间
7 室外露台
8 洗衣房
9 办公角
10 储藏间
11 员工卫生间
12 组团入口

设计特色 ①
组团空间：塑造家庭化的生活环境

在丹麦，越来越多的养老设施强调塑造组团空间的"生活环境"（丹麦语：Leve-Bo-miljø），提倡为老年人提供一个舒适、温馨、家庭化的生活场景，并建议将出现认知障碍的老年人安排在这样的组团中居住。本中心延续了这一思路，最大限度开展居家常见活动，营造居家生活氛围，从而鼓励包括认知症在内的所有老年人积极地参与日常生活。

▶ **露天内庭院——创造亲近阳光与自然的机会**

每个组团内均设有一个露天内庭院，四周采用落地通高的透明玻璃墙，最大化地为组团中部引入光线，从而使周围的公共空间获得良好的自然采光（图8）。每个组团的庭院布置各有不同，为室内空间带来了不同的景致，也营造出了差异化的组团氛围。老年人可进入庭院休息小憩，观赏和接触花草及被吸引而来的鸟类，也可以坐在室内一边用餐一边享受庭院绿植带来的精致景观（图9）。通过接触阳光和自然元素，老年人更容易保持昼夜节律。

庭院上方设有金属丝支架的遮阳棚，能够灵活拉开或收起，从而控制进入庭院的阳光和热量（图10）。玻璃墙上部的窗户内侧也设有百叶帘，可随时调节室内的光线。

图9 老人围坐在窗边的餐桌上吃茶点

图8 内庭院为组团内部空间提供了良好采光

图10 内庭院的景致及上方的遮阳网

组团空间：塑造家庭化的生活环境

▶ 取消护理站——以组团厨房为核心

不同于以护理站为核心这种类似医院的传统布局形式，该中心在每个组团中央布置了"组团厨房"取代护理站，以营造居家感。

组团厨房由一个相对独立的内部区域和一处长条形的外部备餐台组成（图11）。厨房内部主要布置了冰箱、洗碗机、橱柜等设施（图12），出入口分别朝向就餐空间及走廊，加强了两侧的动线联系。外部备餐台直接朝向主要的就餐区域，其间布置了洗手池、电灶台、咖啡机等设施（图13）。这一设计手法与住宅中常见的开敞式厨房与就餐空间连通的设计形式相似，更能让老年人感受到在家中就餐的氛围。

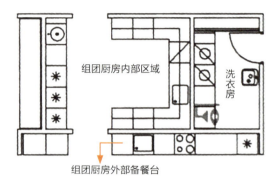

图 11 组团厨房平面图

由于采用分散式管理模式，该中心未再配置中央厨房，每个组团内老年人的餐饮由该组团的护理人员自行统筹和制作。老年人可以根据自己的喜好，和护理人员商定用餐计划及餐食需求，并可亲自参与采购、烹饪过程。如同原先在家中生活时一样，每位老年人可自主决定用餐时间，护理人员会和老年人共同用餐，或在用餐前后闲谈交流，就像家人一般。

图 12 组团厨房内部区域

图 13 组团厨房外部备餐台朝向主要的就餐空间

设计特色 ②
居室空间：兼具居家氛围及个人特色

该中心的老人居室均为一室一厅的套间，每套居室可供一位老年人或一对老年夫妇居住。居室内部空间净面积约 38m²，其中包含起居室、卧室、独立卫生间、简易厨房以及一处私人的室外庭院（图14、图15）。开敞明亮的空间营造了居家氛围，并且居室的布置可由老年人自主决定，许多老年人居室富有浓厚的个人色彩。

▶ **个性化布置——凸显居家氛围及个人特色**

老人居室里，无论是家具风格、灯具形式还是窗帘、地毯等软装饰品，都凸显出温馨的居家氛围，与其说是养老设施的居室，倒不如说这里更像是老年人的自宅（图16、图17）。

通过参观某位女性老年人的居室，我们能够从细节中观察到她的生活习惯。例如，起居室窗边的扶手椅上搭放着毯子和靠垫，旁边的窗台上摆放着植物、相框、台灯和简单的艺术品，前方的架子上则是一台录音机（图18）。老人可能经常坐在窗边享受日光、摆弄植物，也可能在闲暇的午后坐在扶手椅中，搭着毯子小憩。晚间时分，老人也许会打开录音机，播放自己喜爱的音乐，在台灯柔和的灯光下回忆过去。

图例：
1 起居空间
2 卧室
3 卫生间
4 私人露台
5 简易厨房

图14 居室平面图　　图15 居室外的私人庭院

图16 居室内起居空间开敞明亮，有居家氛围　　图17 家具及装饰具有鲜明的个人风格　　图18 窗边的扶手椅及录音机：老人的日常生活一窥

▶ **更低的窗台——让卧床老人也能感受外面的世界**

卧室和起居室的外窗宽度几乎占满整面外墙，窗台也被压低到离地40cm左右。这样做的好处一是扩大了采光面积，使居室环境更加明亮；二是保证了老人即便处于长期卧床状态，也能直接在床上较为轻松地看到窗外风景（图19），感受昼夜变换与四季交替。

图19 较低的窗台让卧床老人也能看到窗外风景

设计特色 ③

丹麦欧登塞 | 艾特比约哈文养老照料中心

其他空间：去机构化、细节贴心

▶ **分散的办公空间——消解机构氛围**

由于护理人员都在各自管理的组团内开展工作，日常大部分工作时间与老年人待在一起，并不需要固定久坐的办公工位。因此，各组团内均未设置护理站或专用的办公空间，整个设施仅配置了一间院长室（图20）。在组团内沿走廊墙面的一侧或利用尽端角落摆放了简单的办公桌椅、电脑等设备，以供护理人员开展工作记录、活动计划、日常联络等事务性工作（图21、图22）。护理人员有时也会利用厨房操作台面进行一些随手的记录工作，组团中没有过多的"非居住空间"，巧妙地消解了机构化的管理氛围。

▶ **贴心的象形标识——防止鸟类误撞**

该中心的庭院里经常会有鸟类穿梭飞过，它们有时会误撞上组团之间连廊两侧的透明玻璃（图23），因此工作人员特意在玻璃上粘贴各种鸟类剪影贴纸，希望通过这种"象形标识"来提示它们（图24）。这个设计细节可谓创意十足，也展现了中心工作人员贴心细致的服务理念。

图20 院长办公室

图21 组团内角落的办公区域

图22 组团内走廊一侧的办公桌

图23 组团间的透明玻璃连廊

图24 避免鸟类误撞的标识

▶ **小结**

艾特比约哈文养老照料中心将北欧国家践行已久的分散式管理与定制化照护理念完美地落实于空间设计与运营。小组团庭院式布局、以厨房为核心的组团空间组织形式、彰显个人特色的居室环境以及分散化的办公空间等，这些设计手法并非多么惊艳出奇，但背后却饱含用意。不可否认的是，丹麦高度发达的社会经济水平和完善的社会福利制度是成就优秀建筑设计与先进服务理念的基础；但无论身处哪个国家、服务什么样的老年人，最重要的是真正地关注老年人、倾听老年人、尊重老年人，支持他们找到自己的生存意义与目标。这些都是跨越国界、跨越文化的真理，值得我们不断地探索与追求。

图片来源：
1. 图1根据谷歌地图编绘；
2. 图5、图7、图14来自参考文献[2]；
3. 其他图片均来自周燕珉工作室。

参考文献：
[1] Plejehjem målrettet ældre [EB/OL]. [2019-09-11]. https://plejehjemsoversigten.dk/da/Artikler/Artikel-1
[2] Regnier V. Housing design for an increasingly older population: redefining assisted living for the mentally and physically frail. Hoboken, New Jersey: John Wiley & Sons, 2018: 157-158.
[3] ODENSE KOMMUNES. Pårørendepolitik[EB/OL]. [2019-09-11]. https://www.odense.dk/politik/politikker-og-visioner/tvaergaaende-politikker/paaroerendepolitik
[4] 林婧怡. 丹麦欧登塞艾特比约哈文养老照料中心 [J]. 建筑创作, 2020(5):126-131.

调研札记

融入　01

在调研过程中，我们受到了员工们的热情接待。正巧其中一位员工过生日，她们邀请我们品尝了欧登塞传统的生日蛋糕（口味非常甜腻）。我们则为她唱了中文版的《生日快乐歌》。

霸气　02

一位奶奶很霸气地表示："我快90岁了，我爱抽烟！"护理员和善地解释道："她可以抽烟，只要不是在公共空间；但我们护理员不能抽烟。"

惬意　03

中心内入住的老人在窗边小憩，享受内庭院带来的阳光和美景。

囧事　04

一位爷爷好奇地问道，"你们来自非洲吗？"我们哭笑不得地回答道："不，我们来自亚洲，我们是中国人！"

工位　05

我们亲自体验了护理人员的"工位"，椅子的感觉还不错！

感悟　06

当问及员工们"觉得在这里工作压力大吗？"她们表示："不觉得，因为能帮助别人，得到了爱，与老人之间建立了感情。这些工作是有意义、有价值的。"

> 圣安娜综合养老项目包含了组团护理、日间照料、自理老年公寓等多种功能，通过灵活自由的空间设计，使不同功能空间既分区明确，又相互联系。项目内还设置了面向社区开放的公共空间，为项目内外人员产生社交联系创造了多种机遇。在空间和运营层面，该项目均实现了较高的社区融合度。

\# 综合养老项目

\# 组团式照料

\# 社区融入型设施

6

德国卡尔斯鲁厄圣安娜综合养老项目

Karlsruhe, Germany
St. Anna

- 所 在 地：德国卡尔斯鲁厄市
- 开设时间：2005 年 1 月
- 项目类型：综合养老项目
- 总建筑面积：11455m²
- 建筑面积：自理老年公寓 4184m²，护理中心 7271m²
- 建筑层数：自理老年公寓地上 4 层，护理中心地上 6 层
- 服务人数：自理老年公寓 45 套，护理中心 120 床
- 工程造价：1300 万欧元
- 设计团队：PEG mbH / BPS GmbH

项目概述
尊重老年人个性的运营理念

德国卡尔斯鲁厄 | 圣安娜综合养老项目

▶ 项目概述

圣安娜综合养老项目（St. Anna）（图1、图2）位于德国卡尔斯鲁厄市的老城区，该地区人口密度大、老龄化程度高。项目周边社区成熟、配套丰富，老人步行可及范围内设有地铁站、公交站、商店、餐厅、诊所、快递站等城市公共设施（图3）。整个项目融合了护理设施、自理老年生活公寓、日间照料中心、社区餐厅、社会救助站等多种功能。

图1 圣安娜综合养老项目外观

图2 从城市街道看向项目主入口

图3 项目周边配套设施丰富

▶ 营造社区与家庭氛围，对老年人个体给予充分尊重

项目隶属于德国圣文森特·冯·保罗慈善修女修道会（Barmherzigen Schwestern vom heiligen Vinzenz von Paul），该组织信仰基督教，相信"上帝尊重并爱护每一个独特的个体"，以宗教信仰为基础发展出了四个运营理念（图4）。该项目通过空间设计和运营服务营造出浓厚的社区氛围和家庭感受，让老年人得以延续相对独立自主的生活状态，同时保持与外部社会的联系（图5）。

1. 尊重老年人的自由意志
尽可能按照老年人的意愿安排他们的日常，避免采用僵化的日程安排和行动限制措施

2. 尊重老年人的个人隐私
把老人居室当作私人领域，护理人员未经允许不得随意进出，避免造成不必要的打扰

3. 尊重老年人的个性偏好
根据老年人的个人偏好，提供个性化的餐饮、洗衣等服务

4. 鼓励老年人的社会参与
教堂和咖啡厅面向社会开放，并定期举办活动，鼓励老年人参与活动、与项目外的老年人积极互动

图4 项目四大运营理念

图5 项目通过安排丰富的团体活动来鼓励老年人接触社会

功能布局
融合多种养老服务功能

该项目的主体分为北侧的自理老年公寓和南侧的护理中心（图6），建筑面积分别为4184m²和7271m²。项目的建筑设计曾获得德国BDA大奖[1]，其融合多种养老服务的功能布局是项目的一大特色。

项目融合了自理老年公寓、组团护理区、日间照料中心和社会救助站四种养老服务功能（图7）。通过巧妙的建筑空间设计，实现了各功能区之间流线独立、互不干扰，同时又通过公共空间连接彼此，共享公共服务及内外庭院。

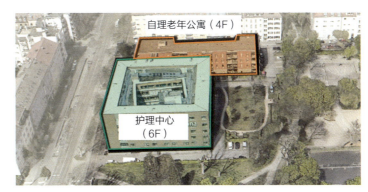

图6 项目包含自理公寓和护理中心

▶ 自理老年公寓——既可独立出入，也与其他功能空间相连

自理老年公寓部分共四层，分布着33套独立的一居室或两居室，居住单元面积为49.2～64m²。一层每户设有独立花园，二至四层每户设有独立阳台。自理老年公寓在北侧面向街道设有两个入口（图8），可供入住老人独立进出，南侧通过带有落地窗的通道（图9）与主入口和室外庭院连接，因此，入住自理老年公寓的老人也可共享教堂、花园等公共空间。

图8 自理公寓设置独立出入口

图9 带落地窗的连接通道，视野开敞

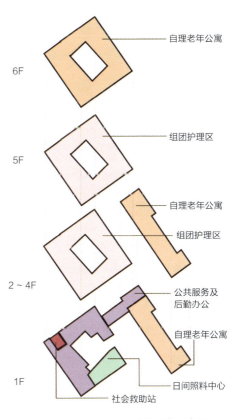

图7 项目各层主要功能分布示意图

---

[1] 德国BDA大奖全称为德国建筑师协会大奖（Germany Bund Deutschen Architektinnen und Architekten）是德国具有影响力的建筑设计奖项。

融合多种养老服务功能

图10 连接自理公寓和护理中心的主入口大厅

图12 护理组团内的小厨房

▶ **护理中心功能布局**

护理中心共六层，与自理老年公寓通过主入口门厅相连（图10）。护理中心首层（图11）为公共服务及后勤办公功能，分布有日间照料中心、社会救助站，以及组团护理区的入口大厅和中央厨房；二至五层为护理组团，每层可容纳30位老年人，均设有公共餐厅和小厨房（图12）。

在护理中心的六层，另设有12套自理老年公寓，套均面积较大，每套均有独立的露台。

主入口门厅： 面向城市街道，是项目的主要出入口，连接北侧自理老年公寓与南侧护理中心。入口外设有门斗和遮雨棚（图13），便于老人在阴雨天气出入

护理中心入口大厅： 靠近主入口门厅及服务台，方便直达护理组团。休息区（图14）毗邻内庭院，方便老人前往

社会救助站： 位于护理中心首层西南侧，设有单独出入口，与其他功能区域相对隔离，方便独立使用和管理

图13 护理中心主入口处设置门斗和遮雨棚

图14 护理中心入口大厅设置休息区

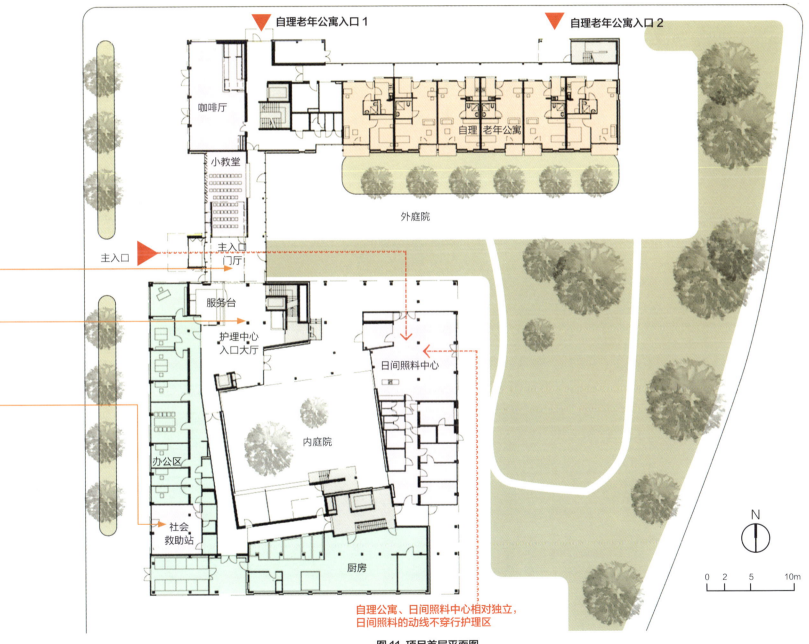

图11 项目首层平面图

设计特色 ①

德国卡尔斯鲁厄 | 圣安娜综合养老项目

日间照料中心：满足独立运营需求

日间照料中心仅在工作日开放，面向周边社区的老年人提供餐饮洗浴等服务。老年人可通过家人接送，或付费由项目派车接送往返。其功能空间设计满足项目独立运营的需求。

▶ 两条出入流线互相独立

日间照料中心位于护理中心楼栋首层的东北角，被外庭院和内庭院环绕（图15），此处设有两条流线，方便老年人出入（图16）：既可穿行主入口门厅进入，又可通过外部庭院到达（图17），无须经过其他功能区域，因此，能够在不影响其他使用功能的基础上独立对外运营。

图15 日间照料中心活动大厅休息区被庭院环绕

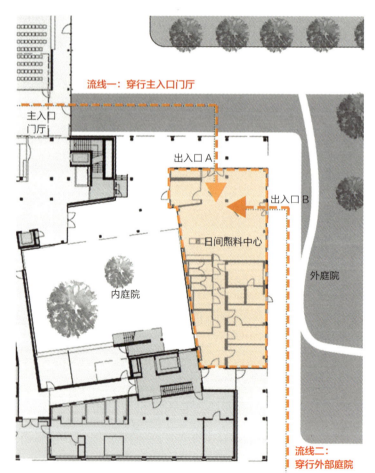

图16 有两条流线方便出入日间照料中心

图17 日间照料中心出入口B面向外庭院设置

▶ 空间设计紧凑、满足多种功能需求

日间照料中心（图 18）由一个活动大厅和多个小空间组成。活动大厅划分为用餐区和休息区，并在一角设有开放式厨房（图 19），鼓励老年人参与餐食准备等活动。

图19 开放式厨房鼓励老年人自主制作简餐

三间小活动室（图 20）供老年人开展小规模的兴趣活动，其他辅助功能空间包括公共卫生间、助浴间、办公室等。其中，临近室外活动场地的无障碍卫生间同时面向助浴间和室外开门（图 21），这样能够同时兼顾助浴间和室外活动老人的使用需求。

图20 小活动室供老年人开展兴趣活动

图21 卫生间开向室外的门

图18 日间照料中心平面布局图

设计特色 ②

德国卡尔斯鲁厄 | 圣安娜综合养老项目

护理组团：内庭院错动角度，自然形成公共起居厅

护理中心组团内部空间设计灵活，空间利用效率高。标准层采用"回"字形平面，每层划分为三个组团和一处公共区域，每个组团设有8个老人居室（图22）。中央内庭院与建筑外轮廓错动一个角度，自然将走廊空间沿行进方向逐渐放大，形成可供组团内老人休憩活动的公共起居厅（图23、图25）。该空间融合了交通与活动的功能，既方便了老年人就近开展活动，又提高了公共空间的利用率。公共区域内设有餐厅（图26、图27）和阳光房，供老年人集中就餐和活动。此外值班室（图28）、清洁间、员工休息室等后勤服务空间也集中布置在公共区域内，这样能够有效提升护理人员的工作效率（图29）。

> 用于通风的木质不透光窗扇，与认知症老人对窗户的常识相反，巧妙地避免了认知症老人经常无意识地开关窗，降低了危险发生的可能性

图23 旋转回字形平面内部灵活的走廊空间

图22 组团护理区每层划分为3个护理组团

图24 组团护理区内庭院景观

图25 组团内部的走廊空间

图26 公共餐厅供老年人集中用餐和活动

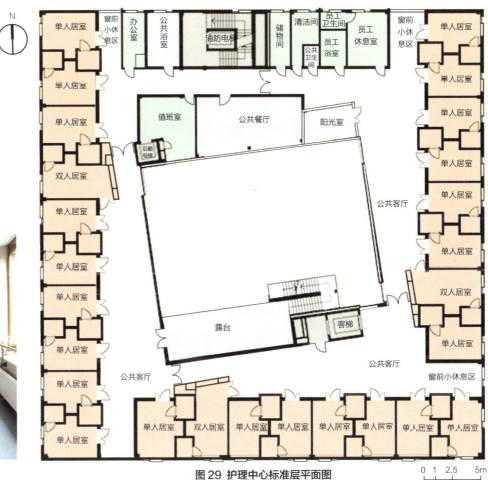

图29 护理中心标准层平面图

图27 从组团餐厅可以看到内庭院景观

图28 从员工值班室可以直接看到组团内的状况

设计特色 ③

室内细节：营造家庭氛围及个人特色

德国卡尔斯鲁厄｜圣安娜综合养老项目

▶ **组团公共空间——尺度亲切、家具温馨**

　　精心布置组团护理区的公共空间，为老年人营造熟悉的家庭化氛围。例如，在走廊尽端的小尺度空间（图30）摆放沙发、茶几、五斗柜等家具，其尺度和色调均与德国传统住宅一致，给人以亲切感，便于老年人在此欣赏风景或交谈。

图30　具有家庭化氛围的窗前小休息区

图31　居室门口的半私人空间

▶ **居室空间——可按老年人意愿自主布置**

　　居室分为单人间和双人间，允许老年人自由布置，充分尊重老年人的个人喜好和意愿。居室入口门前的一小片区域被定义为老年人的半私人空间，每两个居室为一组，老人们会在这里张贴照片、摆放花卉等，增强了每个居室的辨识度和走廊的趣味性（图31～图33）。

图32　单人间居室内景

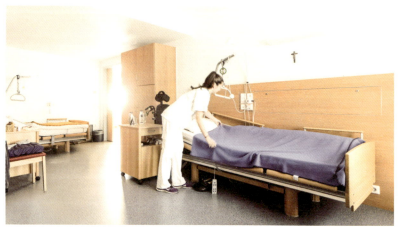

图33　双人间居室内景

设计特色 ④
公共活动空间：满足老人多样化活动需求

本项目内设有花园、小教堂、咖啡厅等多处公共空间，为入住老年人和周边社区居民提供了丰富的活动场所。花园的外庭院（图34）与周边社区绿化融为一体，入住老年人和社区居民可以在此锻炼身体、交流互动；内庭院（图35）由建筑围合而成，静谧舒适，入住老年人常在此休憩聊天。小教堂（图36）既可用于宗教集会活动，又可作为个人祈祷空间，周边社区居民也可前往。教堂内设有摄像头，举办活动时不便到场的老人可在房间内观看电视直播，感受到集体活动的氛围。咖啡厅（图37、图38）设置在建筑首层的沿街区域，面向公众开放，为入住老年人和外部社区居民的相遇创造了机会。

图36 项目内小教堂可用于举办社区宗教活动

图34 外庭院衔接了外部社区绿化和建筑主入口

图37 咖啡厅设置在一层，对外开放

图35 内庭院静谧舒适，适宜老年人停留和交谈

图38 咖啡厅小厨房设施完备

设计特色 ⑤

被动式节能设计，保证热舒适性

德国卡尔斯鲁厄 | 圣安娜综合养老项目

图39 内庭院空间环境

在设计当中，建筑师对建筑形式和构造细节进行了深入了解，充分考虑并利用了当地海风温和、冬暖夏凉的海洋性气候特点，在降低建筑能耗的同时，兼顾了空间环境的美观舒适（图39）。

▶ **设置内庭院，创造良好的自然采光与通风条件**

建筑主体采用单面走廊布局方式，将建筑进深控制在利于通风的合理范围内。回字形平面的护理中心，其内庭院通过首层局部架空的方式与外部庭院相连，形成了通透连贯、室内外相互交融的空间状态。中央内庭院的设置，有利于自然采光与通风。建筑内的公共空间并未设置空调，在夏季仅依靠自然通风即可保证舒适的温度（图40～图43）。

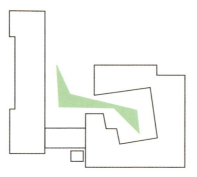

图40 内外庭院连贯交融

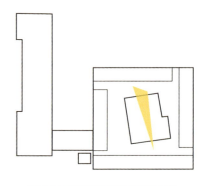

图41 回字形布局增加自然采光

图42 围绕内庭院布置走廊和公共起居厅

图43 首层局部架空与外庭院相连

▶ 遮阳挡雨的构造细节，兼顾美观与实用

建筑师将遮阳帘设计成折线形，下部向外倾斜（图44、图45），有利于夏季在遮阳的同时保持通风。由于海洋性气候夏季多雨，雨水易污染建筑外墙面和窗户，通过在窗户上方设置挑檐小雨棚，可以有效防止雨水滴落到玻璃上。另外，窗户下沿设置了一条薄薄的金属挑檐板，挑出建筑外墙一段，并设置翻边和滴水，使雨水不会汇集到建筑外墙上（图46）。

图44 挡火板和外遮阳帘利于遮阳

图45 外遮阳帘外翻便于通风

图46 外窗构造细节设计分析

▶ 小结

圣安娜综合养老项目融合了组团护理、日间照料、自理老年公寓和社会救助站等服务功能，通过灵活自由的空间设计，保证了不同功能空间既分区明确、流线独立，又相互联系、内外交融。通过丰富多样的公共空间，创造了良好的社交环境；通过精心设计的室内布置，营造了家庭化生活氛围，深受老年人的喜爱。另外，在生态节能层面，建筑师通过建筑形体设计最大化地利用了自然通风和自然采光，并且应用隔热材料和遮阳帘等降低建筑能耗，使整个项目既环保又舒适。

图片来源：
1. 首页图、图2、图40、图41来自 https://www.german-architects.com；
2. 图7、图18、图29根据项目资料改绘；
3. 图3、图6根据谷歌地图改绘；
4. 其他图片均来自周燕珉工作室。

参考文献：
[1] 武昊文, 秦岭. 德国卡尔斯鲁厄圣安娜综合养老项目[J]. 建筑创作, 2020(5):132-139.

> 这是一栋完美融合功能专业性、文化传承感和建筑形式美的养老设施建筑,通过小规模组团化的照料单元、社区共享的公共活动空间、丰富实用的室外环境,帮助老年人保持和延续了"正常化"的日常生活和社会参与。

养老设施
组团式照料
社区融入型设施

7

德国弗莱堡
圣卡洛鲁斯老年人之家

Friberg, Germany
St. Carolushaus

- 所 在 地：德国弗莱堡市哈布斯堡大街
- 开设时间：2012 年 9 月
- 设施类型：护理型养老设施
- 总建筑面积：7740m²
- 建筑层数：地上 6 层，地下 1 层
- 居室类型：101 个单人间和 7 个双人间
- 床位总数：115 床（包含 100 个护理床位和 15 个昏迷病人特护床位）
- 工程造价：2200 万欧元
- 设计团队：PEG mbH
- 咨询团队：BPS GmbH
- 主持建筑师：海因茨彼得·施米格教授（Prof. Dr.-Ing. Heinzpeter Schmieg）
- 业　　主：圣文森特·冯·保罗慈善修女修道会

项目概述　　　　　　　　　　　　　　　　　　　　德国弗莱堡 | 圣卡洛鲁斯老年人之家

设计理念：小规模组团布局，融入社区

▶ 历史沿革

圣卡洛鲁斯老年人之家是一个有着上百年历史的养老设施。该项目始建于1903年，由弗莱堡圣文森特·冯·保罗慈善修女修道会为退休老人和圣约瑟夫医院的老年康复者建造（图1）。1944年，原有建筑在"二战"空袭中被摧毁，直到1958年才在原址重建，1961年恢复开放（图2）。之后的半个世纪里，德国的养老政策制度和服务理念发生了翻天覆地的变化，长走廊两侧布满房间的传统养老院建筑形式已逐渐无法满足现代的养老护理服务需求，因此，教会决定在原址对面的用地上建设一座新的养老护理设施，以改善居住和护理环境（图3）。

▶ 设计理念

项目定位为符合现代养老服务理念的"第五代"护理设施（图4），主要收住需要生活照料和护理服务的老年人，同时面向周边社区居民提供餐饮和文化活动服务，设计时在空间布局和场地应对层面给予了针对性的考虑。

在空间布局层面，设计摆脱了传统护理院将老人居室与公共活动空间集中线性布置的模式，转而采用了分散布置小规模组团的设计策略。建筑师将每个组团设计成一个自给自足的单元，其中配置有老人居室、公共起居厅、厨房、公共卫浴、清洁间等功能空间，宜人的尺度有助于组团内居住的老年人保持家人般的亲密关系，积极参与社交活动。每个标准层包含两个组团，分别构成了建筑的两翼。中间的连接体将两个组团串联起来，并提供垂直交通设施和辅助服务用房。

在场地应对层面，建筑师力求在满足城市设计要求的基础上，让建筑和谐融入周边的建成环境（图5）。建筑主体沿西侧的哈布斯堡大街（Habsburger Straße）展开，并设置主入口，满足道路红线要求。西南角做"收口"处理，与南侧建筑形体相呼应，形成了教堂前街（Deutschordensstraße）的入口。首层临近街角处的空间布置为小教堂，与西侧的穆特豪斯教堂（Mutterhauskirche）遥相呼应，相得益彰。首层东侧沿街设置对外营业的餐厅和次入口，与街角的小教堂共同构成了入住老人与外界社会的交流窗口。

图1 圣卡洛鲁斯老年人之家旧址外观（1903—1944年）

图2 圣卡洛鲁斯老年人之家旧址外观（1961—2012年）

图3 圣卡洛鲁斯老年人之家新址的建设过程

运营理念：尊重老年人的正常生活

> **点评　德国的五"代"养老设施**
>
> 根据空间模式的不同，德国养老设施大致可划分为以下五代：

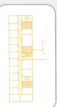

第一代"监狱"原型
老年人如同被拘留的囚犯
建筑采用廊式的平面布局

第二代"医院"原型
老年人如同接受治疗的病人
建筑采用服务站式的平面布局

第三代"宿舍"原型
老年人如同集中住宿的学生
建筑采用分散居住式的平面布局

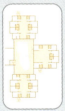

第四代"家庭"原型
老年人会感到安全和正常化，建筑采用集体居住式的平面布局

第五代"社区"原型
老年人不脱离社会，建筑在第四代基础上融入社区

图4　德国的五代养老设施

运营理念

圣卡洛鲁斯老年人之家除了提供身体层面的照护，更关注老年人的心理感受，围绕"爱就是行动"（Liebe sei Tat）的创办宗旨，致力于创造充满关爱和尊重的生活氛围。在保证安全的基础上，项目在规划老年人的日常生活和社会参与时贯彻"正常化原则"，避免因设施管理等方面的需求而侵犯老年人的正常生活，具体体现在以下方面：

- 充分尊重个体意愿。延续老年人入住前的生活方式和起居习惯，允许老年人自带家具，对居室进行个性化布置，鼓励老年人自由、自主地规划自己的日常生活，根据老年人的身体情况和个人意愿制定护理计划，在安全合理的范围内不对老年人做出任何硬性约束。

- 营造"家庭般"的亲密关系。入住老人和护理人员如同"一家人"，以小组的形式共同生活，具有一定的自主决定权。成员们共同参与组内决策、集体活动和力所能及的家务劳动，就像在自己家里一样。

- 创造社交机会，维系社会联系。设施鼓励入住老人相互认识，培养彼此之间的信任；通过举办丰富多彩的活动，维持老年人与家属、志愿者、周边社区居民等群体的人际交往和情感联系，避免他们脱离社会。

> "在疫情的影响下，老年人的社交活动虽然受到了很大的限制，但我们依然在尽一切努力丰富他们的日常活动，提高他们的生活质量。因为我们深知，在这个特殊的时期，拥有自我决定和自由选择生活的权利对他们至关重要。"
>
> ——克丽斯塔·瓦拉迪
> （Christa Varadi）
> 运营负责人

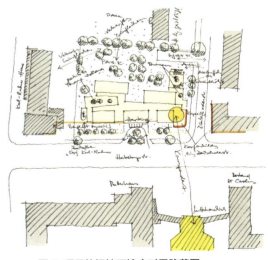

图5　项目的场地环境应对思路草图

设计特色 ①

首层公共空间融入社区，促进交流互动

德国弗莱堡 | 圣卡洛鲁斯老年人之家

　　建筑首层除修女生活区和必要的后勤服务用房外，全部为面向社区开放的公共空间，包括门厅、小教堂、社区会客厅、多功能厅和浴室兼美发室等（图6）。

▶ **小教堂满足多种类型活动需求**

　　其中，小教堂包含前厅和祈祷室两部分，既能够独立对外开放，又可与设施内部的门厅和会客厅相连，常用于举办礼拜、集会、小型音乐会、殡葬礼等活动（图7）。前厅和祈祷室之间通过一扇巨大的弧形推拉门相连接，可通过推拉门的开合灵活满足不同规模和类型活动的使用需求（图8）。举办较大规模的活动时，可将推拉门完全打开，使前厅和祈祷室连通成一个大空间进行使用。例如举办音乐会时，通常会把乐队设置在祈祷室内，而前厅则作为观众厅使用。而平时则可将推拉门关闭，通过上面的一扇普通平开门满足祈祷室的出入需求。

图例：
1 门厅
2 小教堂前厅
3 小教堂祈祷室
4 圣物储藏室
5 社区会客厅
6 厨房
7 公共卫生间
8 浴室兼美发室
9 多功能厅
10 接待服务台
11 储藏间
12 修女生活区
13 办公室
14 会议室
15 档案室
16 茶水间
17 垃圾房

图6 设施建筑首层平面图

社区会客厅及多功能室容纳社区居民

社区会客厅（图9）同时连接着设施建筑南侧的街道、北侧的花园和内部的小教堂，无论是入住老年人还是周边社区居民都能轻松到达。会客厅面积虽然不大，却承担了餐食供应、亲友接待、修女办公、员工培训、对外宣传、保险销售、入住咨询、社区活动等多种社区服务功能，使用效率很高，深受人们的喜爱（图10）。

多功能室是举办讲座、培训和宗教活动的空间，设有折叠隔断门（图11），可划分为不同面积的活动空间，满足不同规模活动的使用需求。浴室兼美发室（图12）每天交替承担洗浴和理发的功能，入住老年人和社区居民可通过提前预约的方式享受相关的服务。门厅则作为设施与周边社区的共享大厅，无论是社区居民还是入住老年人都可以在这里歇歇脚，聊聊天。

图7 小教堂祈祷室内景

图8 小教堂前厅与祈祷室可连通使用

图9 社区会客厅能够容纳二三十人同时活动，可通过家具的灵活布置满足各类活动的空间需求

图10 入住老年人和社区居民在会客厅用餐的场景

图11 多功能室设有隔断门，空间可分可合

图12 浴室兼美发室具有良好的自然采光和舒缓的空间氛围

设计特色 ②

德国弗莱堡 | 圣卡洛鲁斯老年人之家

照料单元小型化，拉近老人之间的距离

▶ **居室临近公共起居厅布置**

圣卡洛鲁斯老年人之家将居住生活空间划分成了9个照料单元，分布在设施的二至六层。其中，二至五层每层设有2个照料单元（图13），共包含5个具有不同年龄和身体状况老年人混合居住的照料单元，2个面向教会退休老年人的照料单元，以及1个认知症老人照料单元（图14）；六层整体为1个照料单元，主要向严重脑损伤的患者提供照料服务（图15）。每个单元为13名左右的老年人提供照料服务，小规模的照料单元有助于拉近人与人之间的距离，创造家人般的亲密关系和家庭般的生活氛围。

不同于传统养老院通过走廊串联起老人居室的布局模式，本设施照料单元内的老人居室是围绕着公共起居厅进行布置的，每个居室与公共起居厅之间的距离都很近，因此不会产生带有机械感的长走廊。公共起居厅是照料单元内的集体活动空间，老年人和护理人员会像一家人一样在这里做饭、用餐、活动和议事。

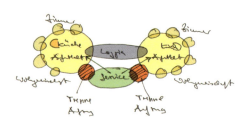

图13 标准层建筑空间布局思路分析草图

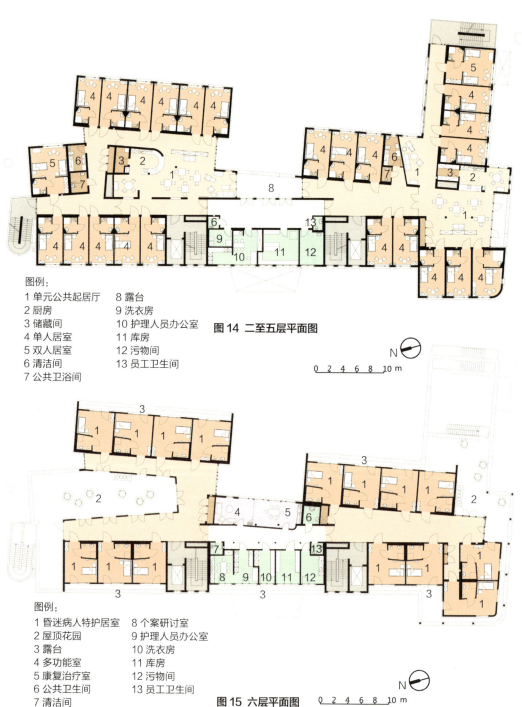

图例：
1 单元公共起居厅　8 露台
2 厨房　　　　　　9 洗衣房
3 储藏间　　　　　10 护理人员办公室
4 单人居室　　　　11 库房
5 双人居室　　　　12 污物间
6 清洁间　　　　　13 员工卫生间
7 公共卫浴间

图14 二至五层平面图

图例：
1 昏迷病人特护居室　8 个案研讨室
2 屋顶花园　　　　　9 护理人员办公室
3 露台　　　　　　　10 洗衣房
4 多功能室　　　　　11 库房
5 康复治疗室　　　　12 污物间
6 公共卫生间　　　　13 员工卫生间
7 清洁间

图15 六层平面图

开放式厨房营造居家生活气息

开放式厨房是公共起居厅当中的视觉中心，也是护理人员为老人们制作一日三餐的地方（图16）。老人们喜欢坐在起居厅里，观看餐食的制作过程，享受食物散发出来的香味。部分老年人还会参与其中，做一些力所能及的工作，感受劳动的喜悦，收获成就感和满足感，体验居家生活的气息。护理人员在制作餐食的同时，也能够很自然地兼顾到周边老年人的活动状况，提供必要的帮助，很好地节约了人力。

在公共起居厅的布置方面，建筑师做了精心的设计。公共起居厅与走廊之间通过墙体和家具进行了适度的分隔，这样一方面能够更好地引导人流，使公共起居厅更加安定，另一方面也为临近公共起居厅的老人居室提供了适度的视线遮挡，保护了居室的私密性。公共起居厅被划分为多个分区，除起居活动区和开敞就餐区之外，还设有一处相对安静私密的小区域，能够满足不同老年人对于动静和私密性的差异化需求。公共起居厅与露台相连进出方便，老年人能够自由出入，享受阳光（图17~图20）。

图17 护理人员利用开放式厨房为老年人准备餐食（视角a）

图18 起居活动区的"私密角"（视角b）　　图19 起居活动区与露台相连（视角c）

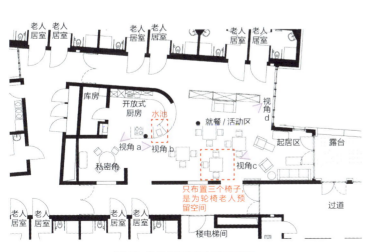

图16 公共起居厅局部平面图

图20 老人们在公共起居厅用餐（视角d）

设计特色 ③

居室布置个性化，设备布局考虑空间可变性

德国弗莱堡 | 圣卡洛鲁斯老年人之家

▶ **居室为老人预留个性化布置空间**

居室设计也有很多可圈可点之处。设施仅在老人居室内提供必要的护理床、床头柜、储物柜和小桌椅等家具，为入住老年人自带家具和进行个性化布置预留了较大的空间（图21）。此外，居室设计还考虑了护理床单侧靠墙和两侧留空的两种布置方式，特制的床头护墙板整合了不同布置方式所需的开关插座点位和储藏设施，使得无论采用哪种布置方式都能恰到好处地满足使用需求（图22、图23）。

"目前，德国一些地区，已经要求新建养老设施全部采用单人居室，本设施所在地——巴登符腾堡州也位列其中，但是我认为这样的要求过于绝对，是不合理的。一些夫妻或朋友可能更偏爱双人居室，并且从高效利用土地和建筑面积的角度讲，全部设置单人居室的做法是不经济的，可能给养老服务体系造成更大的压力。因此，在圣卡洛鲁斯老年人之家的设计当中，我通过与有关部门的沟通，为项目争取到了特殊许可，最终设置了7间双人居室。"

——彼得·施米格教授（Prof. Dr.-Ing.Peter Schmieg）

主持建筑师

图21 老年人进行个性化布置后的居室空间

图22 居室设计考虑了护理床的两种摆放方式

图23 床头护墙板及开关插座点位

设计特色 ④
充分运用视觉要素，打造环境辨识度

考虑到认知症老人寻路能力较弱的特点，设施在设计时特别注重交通流线的简洁性，并通过多种手段增强内庭院及照料单元内部的空间可识别性，便于认知症老人轻松识别自身所处位置、找到目标空间。

▶ 不同的主题元素——帮助老年人识别居住地点

设施内各个照料单元的空间结构较为类似，为辅助老年人准确识别自己所居住的照料单元，使用了当地人熟知的广场为每个单元命名，并以相应的广场照片作为单元的室内装饰元素，反复出现在墙纸、挂画、相框，甚至餐垫上（图24、图25）。这样既有助于强化老年人对于照料单元的印象，又能够唤起老年人关于这一地点的往事回忆。此外，每个照料单元还分别对应一个主题色，主要体现在家具的主色调上（图26）。在这些信息的提示下，老年人便能轻松辨别出自己居住的照料单元了。

图24 照料单元内装饰有反映本单元主题的壁纸和挂画
图25 照料单元内使用印有本单元主题照片的餐垫
图26 不同照料单元当中的家具采用不同的主题色

方便轮椅老人就座的桌腿设计

▶ 引入自然光线——有助于老年人感知环境变化

设施内公共空间的设计非常注重自然采光和室内外视线联系，无论是走廊还是活动区，都设有大面积的落地或半落地窗，将室外的自然光线和景观引入室内，使老年人足不出户就能感受和分辨季节和天气（图27、图28）。

▶ 鲜明的色彩对比——提示和引导老年人

在色彩搭配方面，设计师充分利用了鲜明的色彩对比，在视觉上强调和突出了希望人们注意的空间要素。例如，在老人居室的卫生间内，通过在盥洗池和坐便器对应的墙面上铺设红色瓷砖，明显衬托出了白色洁具的位置，能够有效提醒认知症老人在正确的位置盥洗和如厕（图29）；又如，在主入口门厅的设计当中，通过将门斗结构构件和门厅接待台面设计成红色，将它们从环境中凸显了出来，很好地起到了提示和引导作用（图30）。

图27 公共空间采用落地窗，引入充足的自然光线
图28 走廊大面积开窗，使老年人能够感知室外环境的变化
图29 居室卫生间通过红色墙砖突出盥洗池的位置
图30 门厅通过红色构件强调主入口的位置

设计特色 ⑤

德国弗莱堡 | 圣卡洛鲁斯老年人之家

室外环境设计注重实用性,深受老年人欢迎

▶ **活动广场划分多个功能区**

建筑周边的室外活动场地经过设计师的精心设计,被赋予了丰富的使用功能(图31、图34)。

建筑东侧正对主入口门厅区域为最主要的活动广场,场地形状方正,最多可容纳上百人,可用于举办露天音乐会、节日庆典、烧烤聚餐等大型集体活动(图32)。场地与楼上照料单元共享的露台具有良好的视线联系,即便是行动不便无法下楼的老年人,也可以在露台上"看热闹",获得参与感(图33)。

活动广场两侧划分若干功能区,供老人们"各取所需"。场地南侧社区会客厅门口的硬质铺地和草坪上摆放的户外桌椅,可供就餐和活动人员使用。场地北侧则依次布置儿童活动场地、园艺种植区、芳香花卉区和观赏花卉区。其中儿童活动区设有滑梯、秋千等游戏设施,供跟随父母前来探望爷爷奶奶的小朋友玩耍(图35);芳香花卉区和观赏花卉区则分别种植了具有感官刺激作用的花卉,供老年人近距离接触和欣赏(图36);而园艺种植区则分别设有可供乘坐轮椅的老年人接近和操作的种植槽,以及供自理老人劳作的土地,让老人体验园艺活动的乐趣,享受收获的喜悦(图37)。建筑东北侧结合首层架空部分设有一处遮阳避雨的灰空间,在天气条件不佳时,同样可以满足部分老年人的室外活动需求。

图例:
1 中心广场
2 林下休闲区
3 室外就餐区
4 修女宅前花园
5 儿童活动区
6 园艺种植区
7 观赏花卉区
8 芳香花卉区
9 环形步道
10 休息区
11 架空层灰空间
12 主入口广场/临时停靠区
13 沿街硬质铺装场地
14 后勤车辆通道
15 地下车库出入口
16 员工通道
17 路边停车位

图31 景观平面布置图

此外，建筑首层西南侧设置了多个面向道路的出入口，与之相连的场地和通道全部采用硬质铺装，以易于接近的欢迎姿态呈现在来往的社区居民面前，充分体现了社区服务空间的公共性。

图 32 老人们在林下休闲区进行集体活动

图 33 音乐家在中心广场为老人们演奏乐曲

图 34 室外环境俯瞰图

图 35 儿童活动场地设有滑梯、秋千等游戏设施

图 36 花园中色彩艳丽的观赏植物

图 37 老人们进行园艺种植活动

▶ 小结

圣卡洛鲁斯老年人之家是德国最新一代养老设施的典型代表，具有示范意义。项目采用了小规模组团化照料单元的布置模式，营造家庭般的居住生活体验；设置开放的首层公共空间，承载多样化的社区活动；打造实用美观的室外环境，给老年人带来亲近自然的快乐；注重细节的人性化考虑，处处都有"走心"的设计。通过建筑、护理、运营管理、社区服务等各专业的密切配合，"正常化原则"和社区融合理念在设施中得到了充分的体现。调研时老年人普遍表示生活在这里很踏实、很幸福。

图片来源：
1. 图2~图4、图6、图8 来自参考文献 [2]；
2. 图7、图15、图17、图20、图31 改绘自参考文献 [2]；
3. 图1、图12、图21 来自 https://www.peg-architekten.de/projekte/alle-projekte/zentrum-fuer-stationaere-pflege-st-carolushaus-freiburg；
4. 图10、图36 来自 http://www.st-carolushaus.de/；
5. 图13、图22、图23、图26、图29 由 Prof. Dr.-Ing. Peter Schmieg 提供；
6. 图33 截取自德国西南广播电视台（SWR）的报道视频 https://www.swr.de/swraktuell/baden-wuerttemberg/suedbaden/carolushaus-freiburg-kleine-schritte-zu-mehr-lebensqualitaet-100.html；
7. 其他图片均来自周燕珉工作室。

参考文献：
[1] SCHMIEG P, VARADI CH, DIEKMANN R. Das Bau- und Betriebskonzept eng verzahnen: hannover, fachzeitschrift altenheim[J]. 2014(7): S. 38-41.
[2] CAROLUSHAUS. Festschrift zur Einweihung des Neubaus[EB/OL]. http://www.st-carolushaus.de/fileadmin/Dokumente/Flyer/St_Carolushaus_Festschrift_Einweihung_Neubau.pdf. 2012
[3] 圣卡洛鲁斯老年人之家，弗莱堡，德国[J]. 世界建筑，2015(11): 44-49.
[4] 秦岭. 德国弗莱堡圣卡洛鲁斯老年人之家[J]. 建筑创作，2020(5):140-147.

> 作为一个大型的综合养老项目,安徒生福祉村有效地利用了规模效应,布置了多种类型的养老设施进行资源共享,并形成了产业的多元互促。

\# 综合养老项目

\# 连续性照料

\# 组团式照料

\# 产学结合

8

日本北海道札幌市
安徒生福祉村

Sapporo, Hokkaido, Japan
Andersen Welfare Village

- 所 在 地：日本北海道札幌市清田区
- 开设时间：1995年（后经多次扩建）
- 设施类型：综合养老项目
- 总建筑面积：76000m²
- 日间康复训练设施：每日定员：110名，服务时间：10—16时
- 介护老人保健设施：居室数：30个，床位数：100床
- 特别养护老人之家：居室数：58个，床位数：90床
- 老 年 公 寓：居室数：58个，床位数：60床
- 运营团队：对马医疗福祉集团

项目概述

日本北海道札幌市 | 安徒生福祉村

养老服务设施 + 医疗护理学校，产学结合

▶ **项目概况与功能布局**

安徒生福祉村位于北海道地区札幌市清田区，是日本对马医疗福祉集团投资、建设、运营管理的大型综合养老设施，也是其集团总部的所在地。项目总建筑面积76000m²，由多栋建筑组成，包括养老服务设施、医疗护理学校、残疾人就业支援机构和园区餐厅（图1、图2），项目用地临近主要道路。园区内位于用地东北角的养老服务设施主要包括介护老年人保健设施、老年人日间康复训练设施、特别养护老人之家和老年公寓四个部分，各部分的主体建筑之间通过连廊相互连通。其中介护老人保健设施主要面向病后或术后恢复期的老年人，日间康复训练设施主要面向设施内部和周边地区有康复需求的老年人，特别养护老人之家主要为中重度失能老人或认知症老人提供照护服务，而老年公寓则主要服务生活自理能力下降、居家生活存在困难的老年人。

作为一个大型的综合养老项目，安徒生福祉村有效地利用了规模效应，布置多种类型的养老设施进行资源共享，并形成了产业的多元互促。该项目采用了整体规划、分期建设的开发模式，逐渐形成了功能完善、业态丰富的园区，最大限度地实现了园区内各设施之间的协调联动与互惠互利。

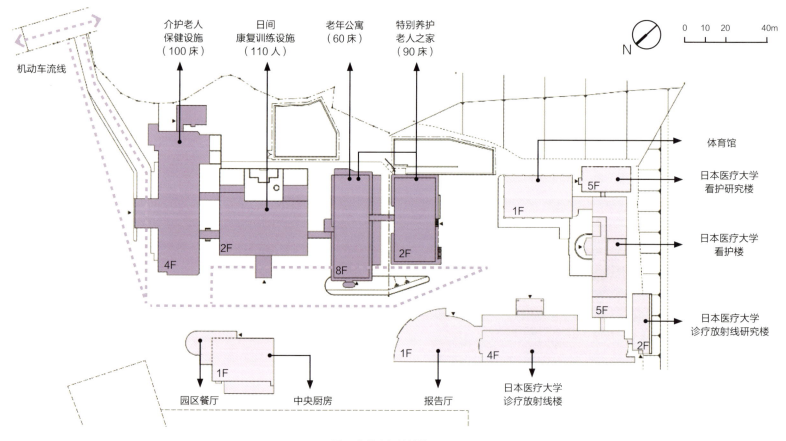

图1 安徒生福祉村总平面图

养老服务设施与医疗护理学校结合设置

对马医疗福祉集团创办于 1983 年，是日本著名的以医疗、介护福祉以及大学教育为主体发展的综合性医疗福祉集团。经过近 40 年的发展壮大，建立了以特别养护老人之家为核心的"对马区域综合养老服务体系"。

集团最主要的经营理念是"老年人和残疾人应该像健全人一样生活，保持自立和有尊严的状态。"集团的"基本使命"包括高龄者介护、培养医疗福祉人才等五个方面。

项目将养老服务设施与医疗护理学校——日本医疗大学相结合进行设置，实现了二者的相互促进、合作共赢（图3、图4）。日本医疗大学下设看护学科、介护福祉学科、康复学科等多个与养老服务密切相关的学科，能够为养老设施培养护士、护理员、康复治疗师等多种类型的专业人才。同时，园区内多种类型的养老服务设施也为日本医疗大学提供了良好的专业实践平台，学生们不出园区就能够深入到实际运营的养老设施当中学习和工作，积累实践经验。

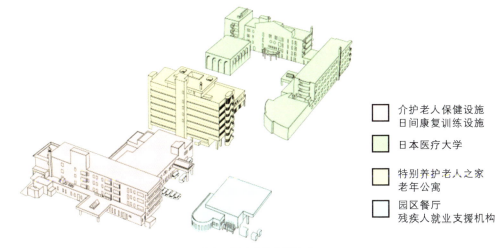

图2 项目建筑功能构成

- 介护老人保健设施 日间康复训练设施
- 日本医疗大学
- 特别养护老人之家 老年公寓
- 园区餐厅 残疾人就业支援机构

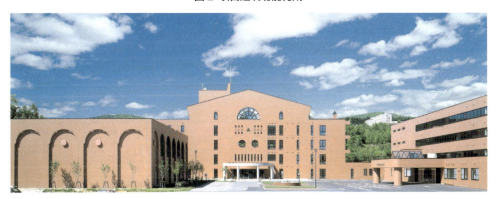

图3 日本医疗大学建筑外观

图4 养老服务设施建筑外观

设计特色 ①

日本北海道札幌市 | 安徒生福祉村

为不同类型老年人，设计不同的建筑空间

▶ **针对失能失智老人，设置组团式的居住生活空间**

在特别养护老人之家的设计当中，针对中重度失能老人和失智老人采用了组团式的居住生活空间（图5）。每个组团可容纳10位老年人，除居室和公共浴室外，还设有丰富的公共活动空间，包括开放式厨房、餐厅和起居室，老年人们可以像家人一样围坐在一起吃饭、聊家常、看电视，营造出一种温馨的居家生活氛围。另外，由于组团内不设专门的护理站或护理员办公室，员工在工作时会与老年人处在同一空间中，拉近了他们之间的距离，使其关系更为亲切。

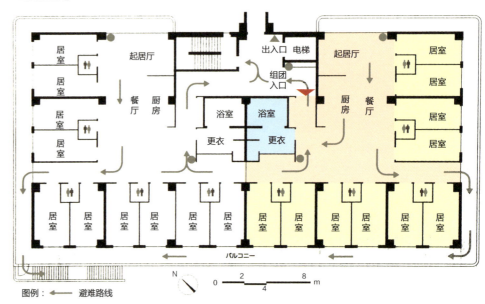

图5 组团居住空间平面图

▶ **针对恢复期老年人，设置形式多样的康复训练空间**

在日间康复训练设施的一层和二层设有多样化的康复训练空间，面向所有入住的老年人和日间康复老年人开放（图6）。

设施内的康复训练空间不仅包括运动治疗大厅、作业治疗室、生活技能训练室等常规的康复空间，还包括厨艺教室、陶艺工坊、手工室等一系列独具特色的康复活动空间（图7~图9）。老年人们除了在康复治疗师的指导下完成必需的康复训练任务之外，还可以在护理人员的带领下选择参与200多种活动。老年人完成日间活动之后，可获得一点点奖励。

图6 康复训练空间入口、展示当日活动的公告板

图7 生活技能训练室

图8 手工室

图9 运动治疗大厅

设计特色 ②
连廊连接不同设施，共享公共服务空间

项目的四栋建筑在首层通过连廊相互连通（图14）共享公共服务设施。具体分布如下：

① 介护老年人保健设施——茶吧、理发店、休息接待空间、天然温泉浴室（图10、图11）

② 日间康复训练设施——日间照料室、卡拉OK室、天然温泉浴室（图12）

③ 特别养护老人之家普通居住楼栋——便利店（图13）

④ 特别养护老人之家组团居住楼栋——多功能厅

图10 休息接待空间

图11 茶吧及其背后的理发店

图12 日间照料室

图13 便利店

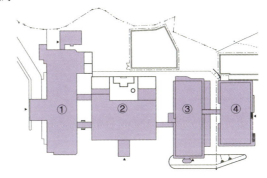
图14 不同设施之间通过连廊连接

▶ 小结

作为一个大型的养老综合项目，安徒生福祉村实现了各类资源的整合与协调。在养老设施与护理学校相结合的模式下，护理学校为养老设施输出专业人才、养老设施为护理学校提供实践基地，二者互相促进；针对不同类型的老年人设计不同的建筑空间，并将服务对象从老年人拓展到残疾人等其他需要康复训练的人群，有助于多元产业的结合发展；集中布置多种类型的养老设施，有利于各类公共服务设施和公共活动空间的共享。

图片来源：
1. 首页图，图3、图4 来自参考文献 [3]；
2. 图1、图2、图5 根据资料改绘；
3. 其他图片均来自周燕珉工作室。

参考文献：
[1] 日本医疗大学介绍手册 http://admissions.nihoniryo-c.ac.jp/prov/request/pamphlet/pdf/thumbs_guide2021.pdf
[2] 日本医疗大学校园手册 http://www.nihoniryo-c.ac.jp/common/img/content/content_20200708_163317.pdf
[3] 安徒生福祉村 http://tsushima-group.com/，对马医疗福祉集团官网 https://www.note.or.jp/
[4] 王春彧. 日本北海道札幌市安徒生福祉村 [J]. 建筑创作, 2020(5):148-151.

> 项目通过整合地区资源，在一栋建筑内集合了8种不同的医疗和护理服务功能，形成了一座"养老综合体"。

综合养老项目
地区综合照护体系
医养结合设施

9

日本东京都多摩市中泽综合养老项目

Tama City, Tokyo, Japan
Yuimaru Nakazawa Care Facility

- 所 在 地：日本东京都多摩市中泽2丁目5-3
- 开设时间：2013年3月
- 设施类型：综合养老项目
- 总建筑面积：7335m²
- 建筑层数：主体4层（局部可达7层）
- 运营团队：结缘株式会社
  医疗法人天翁会
  NPO 多摩草村会

项目概述

日本东京都多摩市 | 中泽综合养老项目

分散式管理 + 定制化照护的运营理念

▶ 项目概述

中泽综合养老项目（以下简称"中泽项目"）位于日本东京的多摩地区，包含长期照料、短期入住、日间照料、认知症照料、社区医疗、访问看护等多项养老与医疗服务。项目由民营企业结缘株式会社（株式会社コミュニティネット）主导建设，其开发思路切合日本的"地区综合照护体系（地域包括ケアシステム）"政策理念，希望能为项目周边的老年人提供包括居住、医疗、护理、预防和生活支援等在内的综合性服务，尽可能确保老年人从身体健康到需要护理的时期，都能一直在自己熟悉的地方安心生活（图1）。

▶ 三方共同运营

中泽综合养老项目由三方共同运营。结缘株式会社作为核心的建设方及运营方，主要负责中泽项目内老年住宅及老年公寓的运营管理。多摩地区的优质医疗资源——天翁会·新天本医院为项目提供医疗服务支持，负责运营社区医疗站、访问看护站、短期入住设施、认知症组团之家及小规模多功能设施，实现了医疗与养老服务的全面融合。与此同时，项目还联合了非营利组织——多摩草村会（NPO多摩草むらの会），共同运营社区餐厅，为入住老人及附近居民提供餐饮服务（图2）。

▶ 临近医疗资源

中泽项目周边设有多家医院。其中包括医疗法人天翁会（中泽项目共同运营方之一）开设的新天本医院。该医院与中泽项目相邻。医院内设有老年精神科和康复科，在认知症、脑部病症等的诊察和预防服务方面投入了许多力量。此外，中泽项目附近还有多摩南部地区医院、多摩综合精神保健福祉中心等医疗保健设施。

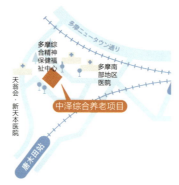

图1 项目区位以及周边医疗资源

图2 项目的8种服务功能分别由三个运营方负责经营

整体功能布局
C形布局，匹配功能需求

项目整体平面呈C形，可分为南、北、中三部分。南部首层设置了社区医疗站、访问看护站以及社区餐厅，便于对外提供服务。餐厅作为社区居民使用最频繁的区域，被设置在建筑的转角处，紧邻两条主要的人行道，视线可达性良好，有助于引导周边社区居民路过时进入（图3）。南部二至七层设有56套老年住宅，主要面向自理老年人。套型以单开间居室为主，也有少量的一室一厅和两室一厅套间，面积从39m²到66m²不等（图4）。

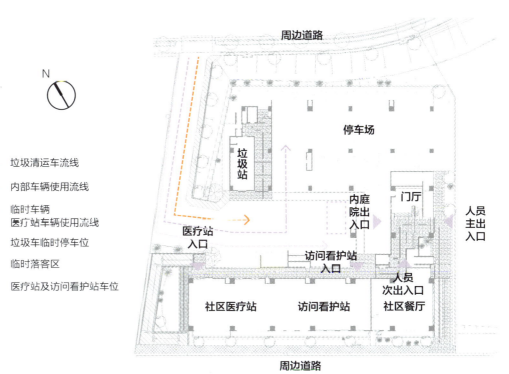

图3 首层平面图及交通流线分析图

图4 项目功能分布示意图

C 形布局，匹配功能需求

设施北部首层为架空层停车场。二层为认知症组团之家，为了方便独立运营管理，在西北角设置了专门的交通核及出入口。北部三层为小规模多功能照料设施以及短期入住设施，其中小规模多功能照料设施主要向周边社区居民提供日间照料服务，短期入住设施则主要面向刚从医院出院但还需要继续接受适当护理的老人。北部四层为老年公寓，设有18间居室（每间面积约为15m²），提供给需要生活支持等服务的长期入住的老年人。

设施中部设置了一些公共活动空间，有多功能活动室、教室、榻榻米茶室等，面向整个设施内的老年人开放，周边居民也可前来参加空间内组织的一些活动（图5、图6）。

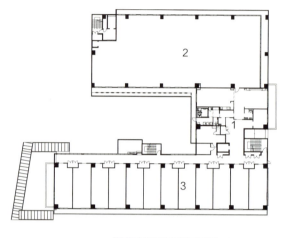

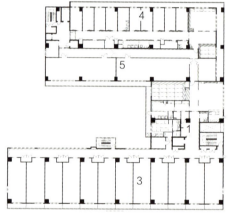

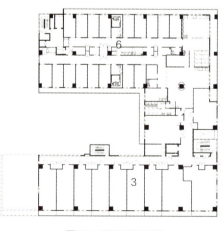

图5 食堂角

图例：
1 公共活动区
2 认知症组团之家
3 老年住宅
4 短期入住设施
5 小规模多功能设施
6 老年公寓

图6 二至四层平面图

设计特色
集约的门厅空间整合多种使用及管理需求

针对"养老综合体"所具有的功能多、管理方多、人员复杂、流线烦琐等特点,中泽项目在具体设计时通过对空间及流线的有效整合,集约、高效地应对了多种使用功能和管理需求。

项目的门厅位于建筑中部的连接处,是通向各个区域及楼层的交通节点,也是整个项目的核心管理区域。门厅总面积约为140m²,由服务台、办公室、信报箱及休息区等四个功能区域组成。门厅面积虽然不大,但却设置了3个出入口——除了通向外部道路的主入口外,还在朝向内庭院方向开设了两个出入口。这样设计的好处是便于老年人或其他工作人员能够快速到达设施各处,避免绕行。例如老年人在社区餐厅用完餐后可直接从人员次出入口进入设施搭乘电梯回家(图7~图9)。

图7 从服务台看门厅全貌

图8 主入口门斗

图9 门厅空间平面分析图

日本东京都多摩市 | 中泽综合养老项目

集约的门厅空间整合多种使用及管理需求

▶ **门斗的巧妙设计节约管理人力**

门厅空间的设计也考虑到了最大化节约人力成本的需求。日本养老设施的人力成本非常昂贵，往往占到设施运营成本的70%以上。在中泽养老项目里，结缘株式会社的管理职员只有二三人。这些人员主要集中在门厅的办公室处理日常事务。由于办公室与服务台及设施主入口紧邻，办公室职员平时可兼顾看管服务台，因此无须在服务台处安排固定坐班人员。

设施主入口门斗的外层门可感应开启，内层门只能刷卡或呼叫内部人员才能开启。当有快递员需要进入时，只需通过门斗内的对讲机呼叫管理人员为其开门即可，减少了外来人员频繁呼叫管理人员而造成的人力消耗。更有趣的是，设施中的信报箱一侧可直接从门斗进入。前来送信的邮递员只需进入外侧门即可完成投递信报，无须再进入设施内部（图10～图13）。这一巧妙的设计便能控制外来人员的进出，既保障了设施内部的安全，也节约了管理人员的人力成本。

图10 服务台和办公室相互临近

图11 门厅休息区

图12 信报箱（邮递员可从门斗直接进入）

图13 信报箱（门厅内视角）

▶ **小结**

中泽综合养老项目是日本"地区综合照护体系"理念下的典型代表。项目运营方在充分了解地区需求的基础上，积极协调并整合了本地区内的各方面资源，在有限的场地和建筑条件下集约、高效地解决了多种功能、流线及空间需求，成功打造了多摩地区的"养老综合体"，满足了该地区老年人从健康到护理阶段的多层次医养服务需求。

图片来源：
1. 图1、图2、图3部分照片来自中泽综合养老项目官网 https://yui-marl.jp/nakazawa/；
2. 图4～图7改绘自结缘株式会社提供的项目资料；
3. 其他图片均来自周燕珉工作室。

参考文献：
[1] 曾卓颖，林婧怡. 日本东京都多摩市中泽综合养老项目[J]. 建筑创作，2020(5):152-155.

▶ 调研札记

操作便捷的贩卖车
移动贩卖车操作便捷，仅需简单的"变身"，就可成为一个小型车载便利店。

老年人们排队购买物品
小小的移动贩卖车非常受到老年人们的欢迎，常常出现需要排队结账的情况。

贩卖车上丰富的商品
每周一下午，项目附近百货公司的"移动贩卖车"便会开进设施。移动贩卖车看似空间不大，但每次携带的商品种类非常丰富，包括了新鲜的蔬菜水果、生活日用品以及鲜花等多种多样的商品。老年人挑选完商品后，售卖大叔还能帮忙送货上门，老年人的购物非常轻松。

一位老奶奶的购物流程
走出家门即可购物，这样的便利性可能是移动贩卖车最吸引老人的地方。

挑选　　　　　　　　　结账　　　　　　　　　打包　　　　　　　　　回家

> 南麻布有栖之森养老设施主要面向认知症老人，其核心运营理念是："认知症老人应像普通人一样生活、自由社交"。设施打造了小规模"家庭式"生活组团，以营造常态化的居家氛围；对外设置了公共服务空间，为入住老人创造了与社会交往的机会。

\# 养老设施

\# 组团式照料

\# 社区融入型设施

\# 居家感营造

10

日本东京
南麻布有栖之森养老设施

Tokyo, Japan
Arisu no mori Kinoko Minamiazabu

- 所 在 地：日本东京都港区
- 开设时间：2010年3月
- 设施类型：综合型护理设施
- 总建筑面积：约10000m²
- 建筑层数：地上6层，地下1层
- 床位总数：194床
- 组团类别：特别养护组团、短期入住团、重度认知症护理组团、护理组团、小规模多功能设施组团
- 运营团队：社会福祉法人新生寿会
- 设计团队：剑持建筑设计事务所·A&T设计共同企业体

项目概述

日本东京 | 南麻布有栖之森养老设施

社区融合 + 家庭化管理模式

▶ 项目概述

南麻布有栖之森养老设施（Arisu no mori Kinoko Minamiazabu）位于东京都港区南麻布地区，地理位置优越；临近多国大使馆，环境优美；步行7分钟范围内设有公交站点，交通便利。设施周边设有休闲公园、幼儿园、餐厅、图书馆、购物中心等公共配套设施，共享资源丰富（图1）。

该设施由社会福祉法人新生寿会①运营，面向不同介护程度的老年人②（主要是认知症老人），提供日间照料、短期入住以及组团护理等服务。设施北侧为同期开发的康复疗养院，由洛和会医疗法人运营。两者形成了集特别护理、老年保健、认知症照料、日间照料等多功能于一体的大型养老服务中心。该项目的定位为社区融入型设施，除了提供各种类型的养老照护服务之外，还作为该地区的公共服务据点，为该地区的居民提供交流、互助的场所和机会，以促进设施内的老年人和外界社会的交融、互动（图2）。

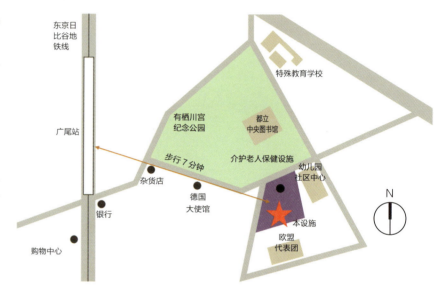

图1 设施地理位置及周边环境分析

南麻布有栖之森养老设施理念

> **照护理念：认知症老人享有自主生活和自由社交的权利**
>
> 运营方认为，患了认知症的老年人并没有丧失全部的生活能力，他们仍保有基本的生活自理能力。为最大化地支持认知症老人的自主性，让他们有尊严地活着，设施不针对认知症老人设置门禁，对内鼓励老年人按照自己的喜好安排生活；对外敞开大门，欢迎周边居民前来使用设施的公共空间，并定时与社区志愿团队一起举办各种公益活动，鼓励老年人主动参与社交

> **运营理念：创造多个"小家"，推行"家庭自治"**
>
> 设施内设有多个小规模居住组团，每个组团的员工和老年人共同组建一个"小家"。"小家"的生活计划和日常开支均由员工和老年人共同决定、自主安排。组团内的员工只服务于本组团的老年人，他们清楚地了解每位老年人的身体状况、人生经历、生活习惯和性格喜好，彼此之间建立了良好的信任关系。员工甚至会偶尔带上小孩或宠物，并邀请"家里"的老年人帮忙照看，这样的"家"的氛围，有助于稳定老年人的日常情绪，提高生活的热情

图2 该设施的照护和运营理念

---

① 新生寿会隶属于日本木之子集团（KINOKO Group），该集团是集认知症医疗、照护于一体的运营集团。自1984年开设了日本第一家ESPOIR认知症专科医院后，一直深耕于认知症医疗和护理领域，拥有三十余年的实践经验。

② 根据日本现行介护保险法的规定，日本老年人根据其身体条件被划分为7类护理等级，由低到高分别为：要支援1~2，要介护1~5。老年人根据被评定的护理等级接受居家服务、日间照料、短期入住或长期照护等不同类别的服务，并享受相应的介护保险补贴。

功能布局
U 形平面划分组团 +T 形交通组织

设施共6层，首层设置小规模多功能设施、短期入住组团和重度认知症护理组团；二至四层共设有10个特别养护组团，主要面向轻、中度的认知症老人；四层局部和五层为照护之家（care house）[1]，为程度较轻的老年人提供生活支援服务；六层设置认知症诊疗所，提供认知症诊断等医疗服务。

该项目地处城市核心区，用地较为紧张，为了提高土地利用率，设施的标准层平面采用双廊式布局，集约空间。U形平面对称地布置四个组团，中部以T形通道作为交通核连接各组团；每个组团内设10间单人居室，并配置了可满足10人共同生活的餐厨空间、浴室及辅助服务用房；T形通道利用较宽的走廊空间设置护理站、会客厅、公共卫生间等功能空间，供四个组团共享使用（图4）。

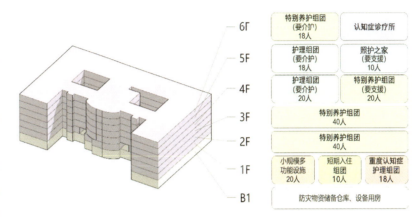

图3 设施各层功能布局图

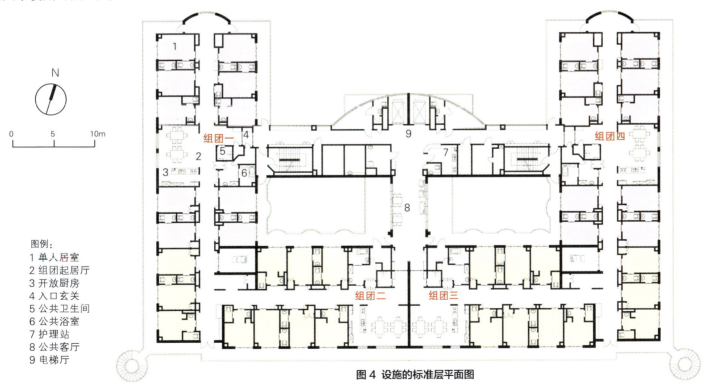

图例：
1 单人居室
2 组团起居厅
3 开放厨房
4 入口玄关
5 公共卫生间
6 公共浴室
7 护理站
8 公共客厅
9 电梯厅

图4 设施的标准层平面图

---

[1] 照护之家是日本低收费老人公寓的一种，针对60岁以上且居家生活有困难的老年人，提供就餐、洗衣等生活支援服务。

设计特色 ①　　　　　　　　　　　　　　　　　　　　　　日本东京 | 南麻布有栖之森养老设施

采用家居化的环境设计，支持老年人自主生活

▶ 空间划分层级，强化老年人对环境的认知

采用多层级的空间设计策略，帮助老年人认识和理解所在的场所，强化其对不同空间的感知。

（1）识别"家门"：各个组团的入口空间都进行了极具个性化特征的装饰，以便老年人"外出"回来时能识别自己的"家门"（图5）；

（2）增强入户仪式感：玄关空间通过铺设地毯、摆放鞋柜、花束等家庭化的软装布置，再次提醒老年人"回家了"（图6）；

（3）参与式的居家空间：组团内采用开敞式的小厨房，并与起居厅合用（餐起合一也是日本住宅中较为常见的设计），以便老年人每天能够参与做饭、洗碗、聊天等日常生活活动（图7）。同时，"家庭成员"还可以根据自己的喜好进行自由地装饰和布置，增强老年人的归属感；

（4）实现"待客自由"：组团外的交通空间兼作共享会客厅，布置沙发和桌椅，营造"外出会友"的环境氛围。

图5 组团入口处摆放着大大的布偶，增强识别性

图6 组团的门厅内摆放了鞋柜、小熊、花束等装饰物，营造居家氛围

图7 组团内设有开敞式小厨房和公共起居厅，以便老年人和"家人"一起进行做饭、洗碗等日常生活

▶ 居室面积、设备配置多样化，老年人可根据自身需求选择

入住老年人可以根据自己的经济能力和身体条件自主选择不同面积的居室，自行决定居室是否需要配置储藏间、小厨房及电动升降洗手池等空间或设备（图9）。同时，为了满足老年人的私密性需求，所有居室均配备独立卫生间（图10），让老年人可以在自己的居室内如厕（许多认知症照料设施出于安全性考虑，不在认知障碍严重的老年人居室内设置卫生间，而是在居室外配置公共卫生间，以便于护理人员辅助老人如厕，防止老人发生吞纸等危险）。此外，居室空间留有余地，鼓励老年人自带家具，并按照个人喜好自由摆放（图11）。

图9 老年人可根据自身需求选择是否配置小厨房和可升降式洗面台

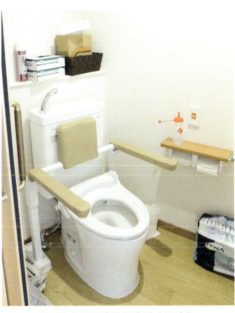

图10 每间居室均设有独立卫生间

图8 组团内一角设有休息区，供老年人休憩聊天

图11 老年人自带的冰箱、五斗柜等家具

设计特色 ②

日本东京 | 南麻布有栖之森养老设施

设置共享的开放空间，促进设施融入社区

为了实现"不设围墙"的社区融合理念，鼓励周边居民走进设施，增加与老年人交往的机会，整个建筑首层的部分空间作为共享空间对外开放，并通过公众投票确定了使用需求，从设施的主要出入口处，依次布置了公共卫生间、便利店、地域交流中心和对外营业的餐厅，以及可供来往的社区居民休息、使用的庭院（图12）。基于此，出入口处的栅栏常年打开，居民可以自由地进出设施并使用其中的公共空间。在后续多年的运营中，证明了上述公共空间的设置取得了良好的使用效果，提高了社区居民对养老设施的理解，也成为设施中老年人对外交往的重要场所。

▶ **公共卫生间设置在主入口附近，方便来往的居民使用**

设施的北侧为社区公园，日常人流量较大，对公共卫生间有较大需求。因此，将公共卫生间布置在主入口最便于市民看见和到达的位置，方便大家使用，从而向市民显示了设施向社会开放的姿态（图13）。

▶ **院内布置多处休息区供居民停留休憩**

设施内的多处院落均对外开放，并结合景观小品设置了休息座椅等，如主入口处的景观树池上铺设木质铺装，欢迎来客进入和使用。

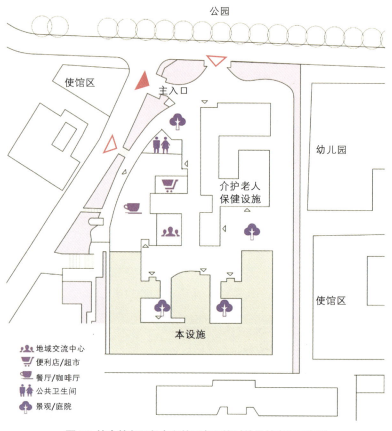

图12 综合养老服务中心首层布置的对外公共空间示意图

图13 主入口附近的公共卫生间和景观树池休息区

图14 设施的多功能室兼作地域交流中心

▸ 地域交流中心兼作共享多功能室

设施的多功能室兼作地域交流中心,社区居民可以租借使用,举办一些老年人和居民都感兴趣的文艺活动和课程等(图14)。

▸ 便利店可供设施内的老年人和周边居民购物

投票结果表明,周边居民对24小时便利店的需求程度仅次于公共卫生间,因此,便利店设置于从外部进入设施的主要动线上,临近主入口,以方便居民、老年人和工作人员等多方使用(图15)。

▸ 餐厅对外经营吸引市民前往就餐

靠首层沿街的一侧布置了可对外经营的餐厅,餐厅沿街立面采用通透的玻璃幕墙,餐厅入口朝向街道,以吸引附近的上班族、周边居民前往用餐(图16);设施内部也设有出入口通向餐厅,便于设施内的老年人和员工到达。

图15 24小时对外开放的便利店

图16 市民在餐厅用餐

▸ 小结

南麻布有栖之森养老设施在项目的功能策划之初便非常注意建立与社区的良好关系,如通过公众投票的形式征询周边居民对公共设施的需求,并将之落实到实际的规划设计中。通过设计开放的对外界面,吸引和引导居民自由出入,成功地实现了将外面的社区居民"请进来"和让设施内的老年人"走出去"的目标,为融入社区的养老模式提供了新的尝试和实践。

设施充分地支持认知症老人的自主性,鼓励和引导认知症老人积极参与生活;实施"家庭式"的照护理念、设置小规模护理组团、设计不同层级的居家空间、多样化的居室和一应俱全的配套设备,为老年人营造了安定、舒适的生活环境,也体现了设施对老年人的尊重和守护之情。在细致入微的空间设计和持续坚持人性化照护方式的努力下,设施"不设门禁""不约束认知症老人行为""鼓励自主生活和交往"的照护理念最终得以实现。

图片来源:
1. 首页图来自 https://www.rncc.co.jp/en/portfolio/480;
2. 图1、图3、图4改绘自设施宣传册;
3. 图5由杨帆拍摄,图9由王若曦拍摄;
4. 图6、图16来自参考文献[2];
5. 其他图片均来自周燕珉工作室。

参考文献:
[1] TRAPHAGAN J W, NAGASAWA T. Group homes for elders with dementia in Japan [J]. Care Management Journals, 2008,9(2):89-96.
[2] KINOKO Group 官方网站 http://www.kinoko-group.jp
[3] 邱婷,丁剑书,范子琪. 日本东京南麻布木之子有栖之森养老设施[J]. 建筑创作, 2020(5):156-161.

> 八千代老年公寓虽然是一所大型机构，但设施内丝毫没有冰冷的机构感，而是处处关照老年人微妙的情感，创造出鲜活积极的老年生活。

\# 老年公寓

\# 街区感营造

11

日本广岛县
快乐之家八千代老年公寓

Hiroshima, Japan
Merry-house Yachiyo

- 所 在 地：日本广岛县安芸高田市八千代町胜田459
- 开设时间：2007年11月
- 设施类型：附带服务型老年公寓
- 用地面积：8982.82m²
- 总建筑面积：21439.07m²
- 建筑层数：地上13层
- 居室总数：320间
- 居室类型：单人间
- 床位总数：轻度失能区140床，重度失能区72床，认知症区108床
- 服务对象：自理老人、要支援或要介护老人均可入住
- 设计咨询：en+ 株式会社
- 运营团队：日本八千代会集团

项目概述

日本广岛县 | 快乐之家八千代老年公寓

通过"环境情感化设计"调动老年人的情感

▶ 项目概况

快乐之家八千代（メリィハウス八千代，以下简称"八千代"）是一所大型的附带服务型老年公寓，由日本八千代会集团开发运营，为老年人提供从居住到医疗的一系列服务。该项目坐落于景色自然秀丽的广岛城郊，距离市内约60分钟车程。该项目的周边环境优美，绿荫环绕，同时毗邻八千代医院，享有得天独厚的医疗资源（图1）。

▶ 功能分区

公寓的公共活动空间集中在一、二层，首层设置了接待大厅、餐厅、员工工作空间以及可对外开放营业的杂货店等用房；二层设置了供入住老人使用的美发沙龙、洗浴泡澡区、康复空间，以及可对外服务的牙科诊所；顶层设置了多功能房和屋顶庭院；中间楼层为老年人居室，每层设置36个居室，划分为多个组团，并配有少量客房，供家属临时入住之用。

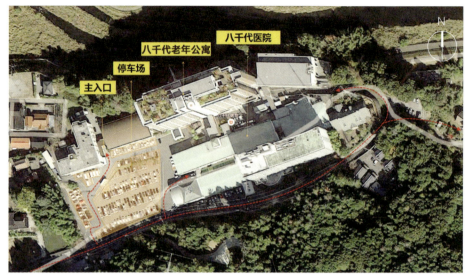

图1 项目总平面图 0 10 02 50 100m

▶ 环境情感化设计的理念

该项目的运营代表（调研当时，2015年）、作业治疗（occupational therapy，OT）师杉本聪惠女士提出"环境情感化设计"（かんじょうかんきょうデザイン）的理念，并将之作为本项目的核心设计目标，通过功能布局、视线组织、室内装饰等设计手法，营造出丰富、暖心的空间环境，以此鼓励老年人，激发其积极生活的动力。

< 点评　　"环境情感化设计"简介

什么是"情动设计"？

"环境情感化设计"也称"情动设计"，其概念由杉本聪惠女士提出，旨在通过访问、调研以及观察行为，充分了解老年人的生理和心理需求，进而设计出引发积极情绪的场所。

对于养老设施，"环境情感化设计"蕴含的思想具有重要意义。老年人在孤独、平淡、机构化的环境中，容易自我封闭、丧失主动性，导致身心状态变差，认知症病情加重。"环境情感化设计"利用环境刺激老年人的情感，引导其主动行为，从而激发老年人的生命力和生活热情，促进其康复并提升幸福感。

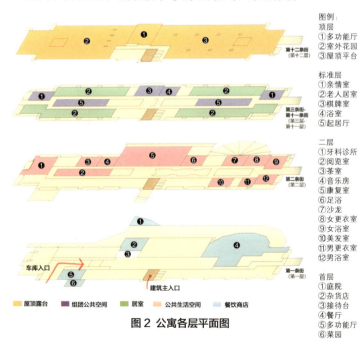

图例：
顶层：①多功能厅 ②室外花园 ③屋顶平台

标准层：①亲情室 ②老人居室 ③棋牌室 ④浴室 ⑤起居厅

二层：①牙科诊所 ②阅览室 ③茶室 ④音乐房 ⑤康复室 ⑥足浴 ⑦沙龙 ⑧女更衣室 ⑨女浴室 ⑩美发室 ⑪男更衣室 ⑫男浴室

首层：①庭院 ②杂货店 ③接待台 ④餐厅 ⑤多功能厅 ⑥菜园

图2 公寓各层平面图

设计特色 ①
将室内空间"室外化",营造自由的街区感

▶ **营造街区的生活氛围,还原老年人过往的记忆**

公寓中的各楼层取名为"第N条街",例如第十一层叫做"第十一条街"。通过小小的命名方式,营造出街区的意境。同时,每条"街"都设计为不一样的色彩和风格,方便老年人判断和识别(图2)。每层楼分为两个组团,两个组团的起居厅互相连通,起居厅也朝向走廊开口,营造出"街道网络"的感觉,使得老年人可以自由"闲逛"。

▶ **设计多种餐位形式,体贴老年人的细微情绪需求**

公寓的餐厅设置在二层,仿造了普通饭店的设计风格,还配置了和式的榻榻米茶室,还原老年人过往生活中常见的场景。不同于多数养老设施将餐位统一布置的做法,考虑到老年人不同的心理状态,公寓设置了可供单人、两人或多人使用的不同形式的座位区(图3),比如无遮挡的座位、靠近隔断屏风的卡座(图4)以及吧台座位(图5),以适应老年人在不同关系和心情下的需求。同时削弱了设施中"统一定点""集体生活"的机构感,增添了些许浪漫情调和自由选择的机会。

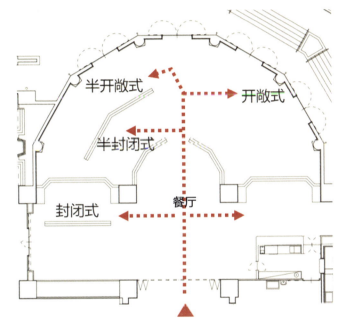

图3 餐厅中通过分区的设置,营造不同私密等级的空间

图4 餐厅空间的设计

图5 餐厅中的吧台餐位

设计特色 ②

公共空间通透开敞,有利于交流和互动

日本广岛县 | 快乐之家八千代老年公寓

▶ **优雅复古的弧型楼梯,"唤醒"怀旧情感**

首层接待大厅的正中央设计了一座欧式复古风格的弧形楼梯,以其流畅的曲线和精细的装饰细节为特点,成为大厅的视觉焦点,同时也是老年人怀旧情感的出发点,吸引老年人经常在此驻足和聊天。楼梯的设计也充分考虑了老年人使用的便利性,鼓励老年人在工作人员的陪同下"勇敢攀登",进行日常的康复锻炼。

▶ **局部挑高设计,促进空间的互动**

首层大堂采用局部挑高的设计,巧妙地连接了楼上露台与楼下空间,不仅增强了视觉上的连贯性,还为楼上和楼下的人们提供了互动的机会和条件,增强了空间的活力和社交功能(图6)。

大堂与楼上露台之间形成的开放的垂直空间,使得空间的层次感更加丰富,局部挑高的设计还为举办各类活动提供了便利。无论是小型聚会还是大型活动,都可以利用这个空间进行布置和安排,使得大堂成为一个多功能的社交中心。这样的设计不仅满足了居民的日常需求,也为社区的活力和多样性做出了贡献。

▶ **各类活动空间互不设"门",利于老年人观望了解**

随着年龄的增长,老年人可能会因能力下降而感到自信心不足,这种心理状态可能影响他们参与各种活动的积极性。即便内心渴望参与聊天、阅读、弹奏乐器或进行体育活动,也可能因为担心表现不佳而感到犹豫。许多老年设施将各个活动空间设置在独立的房间内,一定程度上增加了进入房间的目的性和门槛。

然而,八千代打破了传统的设计方式,各个功能用房之间模糊了空间界限,起居室、阅读室、康复训练区等区域与走廊相连通且未设置门,只采用局部隔断的方式,方便老年人自由穿行(图7)。同时在面向走廊一侧开设了窗户,将室内空间室外化设计,营造出空间的开放性和街区感,也促进了空间内外的互动(图8)。老年人在通过过道时可以"随意"地看到房间里的活动,如果感兴趣或认出了熟人,便可以轻松地加入交流和参与。

图6 一层的大楼梯和挑空设计

图7 起居空间的开敞界面设计

图8 开向走廊一侧的室内窗

设计特色 ③
体贴入微的设计，催动老年人的内心情感

▶ **巧妙的装置设计催动情感共鸣**

小型足疗池的中央摆放了一只青蛙先生的卡通雕像（图9），如此设计有多重考虑：首先，青蛙在日语中的发音与"回家"（かえる）同音，入住的老年人谈到青蛙就能联想到"回家"，内心的情感得到触动；其次，青蛙呆萌可爱的形象能引发老年人的谈论和话题，促进他们之间的社交互动。此外，雕像的位置还考虑到了视线的遮挡效果，有助于减少不熟悉的老年人在面对面坐下时可能感到的尴尬，从而营造舒适、放松的环境。

图9 足浴室中的青蛙先生

图10 女性卫生间中的梳洗镜

▶ **精致的细节设计唤醒生活的"仪式感"**

公寓在许多不起眼的地方进行了精心设计，如女性卫生间挑选了金色花边的镜子（图10）、走廊中设置漂亮的彩色壁灯（图11）等，营造优雅的居住氛围，与许多传统养老设施中简洁的中性风格形成鲜明对比。设计师认为，通过环境的营造可以对老年人的心理形成潜移默化的影响，尤其当老年人看到自己出现在如此漂亮的梳妆镜中时，会意识到自己也是一位体面的女性，从而更加注意自己的形象（图12）。这与国外一些养老设施提醒老年人进入公共餐厅需要正式着装有着异曲同工之意。

图11 设计师精心挑选的彩色壁灯

图12 公寓中衣着体面、快乐生活的老人

▶ **小结**

老年人随着身体衰老和疾病的原因，生理和心理上都会受到打击和影响，从而逐渐失去对生活的热情。八千代老年公寓将"情动设计"的理念融入设施环境设计的每一处细节中，通过体贴入微的人情化设计触动老年人内心的情感，利用开敞通透的空间设计引导老年人自然进行交流，还为长期居住在公寓内的老年人营造城市街区的氛围。设施的工作人员认为，情动设计带来了积极的效果，增强了老年人的自尊心和维护自我形象的动力，体现了环境设计在促进老年人生理和心理健康方面的重要作用。

图片来源：
1. 首页图、图1~图3 来自 http://merry-house.jp/；
2. 其他图片均来自周燕珉工作室。

参考文献：
[1] 杉本聪惠，邱婷.适老环境中的"情动设计"[J].建设科技,2019(13):27-32.
[2] 杉本聪惠，司马蕾.环境情感化设计：日本养老设施环境的先锋思想与实践[J].世界建筑,2015(11):30-34.
[3] 范子琪，邱婷.日本广岛县快乐之家八千代养老设施[J].建筑创作,2020(5):162-165.

" 住宅型收费老年人之家（住宅型有料老人ホーム）是日本民营老年居住建筑的主要类型之一。该类公寓的最大特征是老年人可以根据自身护理需求，灵活组合使用来自不同机构的护理服务，而并非必须接受该公寓提供的护理服务。老年人既可通过计量的方式购买该公寓提供的护理服务，也可利用公寓附近的居家上门介护机构、医疗机构等获得医疗护理支持。倍乐生·生田就是这一类型的代表。

\# 老年公寓

\# 社区融入型设施

12

日本神奈川县川崎市 倍乐生·生田老年公寓

Kawasaki City, Kanagawa Prefecture, Japan
Benesse Granda Ikuta Care Home

- 所 在 地：日本东京神奈川县川崎市多摩区生田 7-21-1
- 开 设 时 间：2014 年 9 月
- 建 筑 类 型：收费老年人之家
- 用 地 面 积：3444.90m²
- 总建筑面积：3098.41m²
- 建 筑 层 数：地上 3 层
- 居 室 总 数：68 间
- 居 室 面 积：20m²（全部为单人间）
- 服 务 对 象：65 岁以上需要支援或介护的老年人
- 费用支付方式：押金 + 月费
- 人 员 配 比：居住人数：职员数 2.5~3 : 1

项目概述

日本神奈川县川崎市 | 倍乐生·生田老年公寓

功能复合、融入社区的设计理念

生田老年公寓位于日本东京神奈川县，坐落于住宅区中，临近地铁站，交通便捷，十分便于家属探望。该公寓属于住宅型收费老年人之家，主要面向自理、半自理老年人，为其提供餐饮服务和生活支持服务。

生田老年公寓与日间照料中心、居家养老服务中心和小学课后托管中心共用一栋建筑。公寓平面呈L形，首层共设置了6个出入口，包括3个老年公寓的出入口（主出入口、员工出入口、厨房出入口）以及日间照料中心、居家养老服务中心、小学课后托管中心的3个出入口，不同功能空间设置独立的出入口有助于提升运营管理的独立性和便利性。首层的公共浴室供日间照料中心和公寓共用，可以很好地满足卧床老年人的洗浴需求。厨房同时为日间照料中心和公寓供餐，提升了运营效率（图1）。

第二、三层是老年人的居住空间，包括老年人居室、茶室、公共浴室及其他辅助空间。为促进老年人面对面交流，楼层的茶室中设置了开放式吧台，并设置了多组不同形式的休闲座椅（图2）。同时，在走廊和电梯厅中，也设置多处含沙发、座椅的休闲空间，为老年人的相遇与交流创造契机。

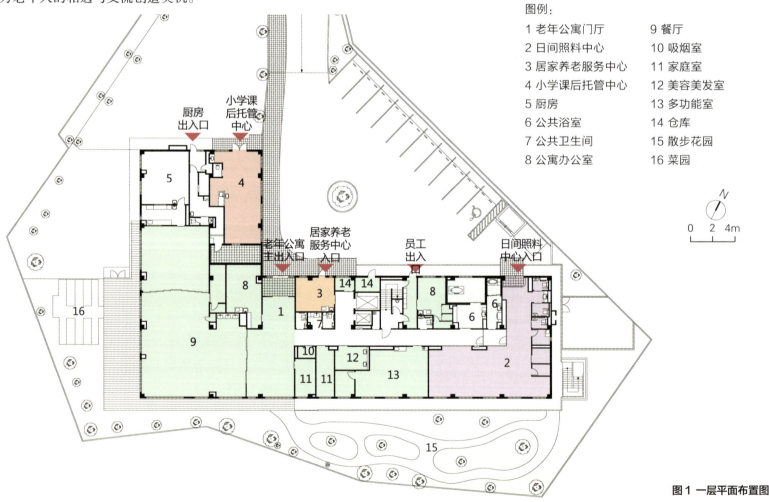

图例：
1 老年公寓门厅　9 餐厅
2 日间照料中心　10 吸烟室
3 居家养老服务中心　11 家庭室
4 小学课后托管中心　12 美容美发室
5 厨房　13 多功能室
6 公共浴室　14 仓库
7 公共卫生间　15 散步花园
8 公寓办公室　16 菜园

图1 一层平面布置图

家庭化、定制化的运营理念

生田老年公寓属于倍乐生公司[1]的七大类老年公寓中的"奶奶和爷爷"（グラニー&グランダ）系列，该系列重视老年人隐私的保护和个人生活的延续，是其中的中高端系列。"奶奶和爷爷"系列的老年公寓运营模式与倍乐生组团护理系列有较大的差异，该系列强调老年人居室和公共空间有"家内外"之别，老年人走出家（居室）进入公共空间时一般会更换外出的鞋和衣服，而组团护理系列则强调一个组团就像一个"大家庭"，老年人从居室到组团餐厅用餐，就如同从自家的卧室到餐厅用餐一般。

公寓在运营中十分重视与老年人沟通，通过了解其个性化需求和理想的生活方式，尽可能提供多样的选择。公寓内配置了24小时值班的护士与护理人员为老年人提供专业的日常生活照料，老年人也可以选择在日间照料中心享受康复护理服务。餐饮服务部门会根据每位老年人的身体状况制定相应的饮食计划。公寓餐厅每月会举办一次正式的午宴，为老年人带来如同外出就餐般的别样感受。

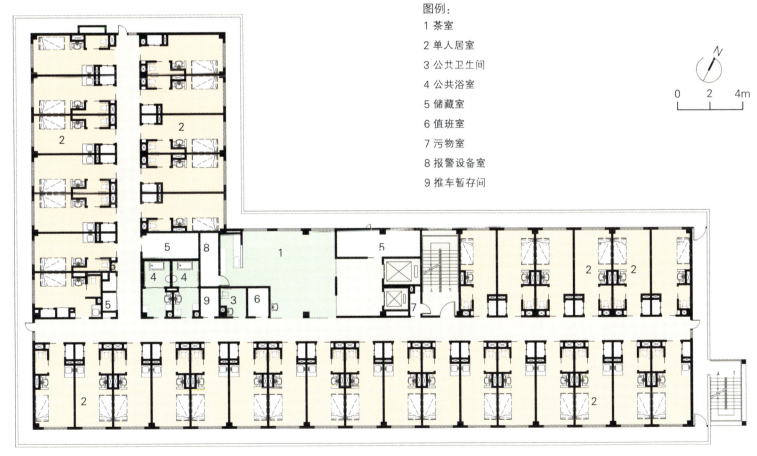

图例：
1 茶室
2 单人居室
3 公共卫生间
4 公共浴室
5 储藏室
6 值班室
7 污物室
8 报警设备室
9 推车暂存间

图2 二层平面图

---

[1]倍乐生是目前日本运营养老机构数量最多的企业之一，主要集中在东京等经济发达的大城市，重点面向对介护保险依赖度低的中高端老年客户群。倍乐生在机构规划设计及运营管理等方面积累了丰富的经验，形成了自己的标准体系，能够采用多点复制、资源共享的方式来降低成本。该公司目前设有七大类老年公寓系列，每个系列都有相应的设计和运营标准，以满足从高端到中端、从自理到护理等多种客群的需求。

设计特色 ①
兼顾私密、安全和舒适的入口空间

日本神奈川县川崎市 | 倍乐生·生田老年公寓

首层门厅面积不大，但在功能布局上充分整合了运营方和入住者的需求，在节约人力的同时也兼顾老年人的安全性和居家感。公寓没有在主出入口设置专门的接待台，而是在紧邻入口处设置了办公室，通过开窗与开门设计，办公室内视线可分别直达室外、门斗和门厅（图3~图6），便于工作人员随时观察到出入口的情况，保障人员进出的安全性。

公寓出入口门扇设计采用木质门扇和固定玻璃扇相结合的方式，既保证了一定私密性，也为老年人观察室外的情况创造了空间条件，还将更多的自然光线引入室内（图7）。

此外，门厅在整体空间格局方面十分注重与周边空间的融合，将入口门厅的对景区设置为休息区，采用落地玻璃窗引入户外花园景观，不仅给进入公寓的人留下美好的第一印象，也鼓励在此休息的老年人推开玻璃门到室外散步（图8）。同时，休息区与公共餐厅采用落地玻璃进行分隔，不仅拓展了门厅休息区的功能，使其可以作为餐前的等候、交流空间，也延展了餐厅的视觉感受，为老年人和家属营造出一个更加开敞明亮、轻松愉快的就餐环境（图9）。

图3 办公室视线分析平面图

图4 视线1：办公室面向室外的观察窗

图5 视线2：办公室面向门斗的观察窗

图6 视线3：面向门厅的办公室入口

图7 入口处透明固定扇使老年人在室内可随时看到室外的情况

图8 落地玻璃窗将风景引入门厅休息区

设计特色 ②
融入社区的日间照料与小学课后托管中心

公寓首层设置有日间照料中心，主要为周边社区和公寓内的老年人提供康复管理服务（图10）。该中心有独立的出入口，并通过内部走廊与公寓相连。入住公寓的老年人站在走廊中，可以看到日间照料中心内由专业人员带领开展的康复活动，视线的可达性能够吸引和激励公寓内的老年人参与这些活动（图11）。

此外，公寓主入口一侧还设置有一处小学课后托管中心，主要为1~6年级小学生提供放学后暂时停留活动的地方（图12）。在周末，这里会与公寓共同举办各种类型的活动，例如卡拉OK、手工活动等，促进老年人与儿童的互动，给老年人的生活带来更多的乐趣。

图9 餐厅与门厅休息采用玻璃隔断划分，视线通透

图10 日间照料中心以康复健身为主，非常受老年人的欢迎

图11 从公寓走廊中的落地窗可看到日间照料中心

图12 小学课后托管中心外立面

设计特色 ③
紧凑实用的单人居室设计

日本神奈川县川崎市 | 倍乐生·生田老年公寓

为了保证老年人生活的私密性和自主性，该公寓居室全部采用单人间形式（图13）。居室空间的布局十分紧凑，居室入口两侧分别设置如厕区和壁柜，盥洗池为开放式，紧邻如厕区布置。居室空间仅布置单人床，便于老年人根据其自身需求添加家具（图14~图17）。由于居室空间较小，为满足老年人的泡浴习惯，居室内并未设置洗浴空间，而是在楼层设置了多个公共浴室。

图14 单人间居室保证了老年人生活的私密性

图15 入口的落地壁柜，便于老年人平时进出放置物品

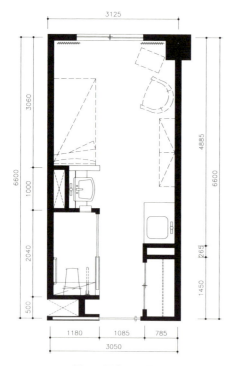

图13 居室平面图

图16 厕所推拉门方便轮椅老年人使用

图17 盥洗空间以矮墙相隔，相对独立

设计特色 ④
鼓励家属随时来访的家庭室

公寓首层设置两个家庭室,这一设置主要源于倍乐生的一大经营理念——欢迎家属来探望老人,24 小时均可到访。家庭室的设置为家庭聚餐和交流提供了较为私密、安定的空间,这可减少老年人家属来访时对其他老年人造成的打扰,也可避免引起一些家属来访次数较少的老年人情绪上的波动(图 18)。

图 18 两个家庭室为多个家庭同时来访创造条件

▶ 小结

倍乐生公司的生田老年公寓通过高效的空间组织方式实现了多种服务并设,既可为公寓内的居民提供多元的服务,也能促进周边居民、儿童与入住公寓的老年人交流。公寓空间设计中处处蕴含巧思、简洁实用,既为入住其中的老年人提供了舒适、自在的居住环境,也能帮助提升运营管理效率,对我国老年公寓设计起到借鉴作用。

图片来源: 均来自周燕珉工作室。

参考文献:
[1] https://kaigo.benesse-style-care.co.jp/
[2] https://www.minnanokaigo.com/guide/type/roujinhome/jyuutakugata/
[3] 方芳,李佳婧. 日本神奈川县川崎市倍乐生生田老年公寓[J]. 建筑创作,2020(5): 166-169.

> 结缘福老年公寓融入社区环境，在前期策划、建设和后期运营的过程中，与周边社区建立了良好的互动与合作关系，一方面充分利用现有配套资源，另一方面形成对社区功能的补充，实现了与社区的共同发展。

老年公寓

社区融入型设施

13

日本大阪市
结缘福老年公寓

Osaka, Japan
Yuimaru Fuku Senior Apartment

- 所 在 地：日本大阪市西淀川区
- 开设时间：2016 年 10 月
- 设施类型：老年公寓
- 用地面积：1935.47m²
- 总建筑面积：2615.19m²
- 建筑层数：A 栋、B 栋、C 栋为 3 层，公共服务设施为 1 层
- 居室总数：53 户（其中 A 栋 15 户、B 栋 15 户、C 栋 23 户）
- 员工人数：管理者 1 人，其他员工 9 人（不包括认知症老人之家）
- 入住条件：年满 60 岁的健康老年人

项目概述

日本大阪市｜结缘福老年公寓

充分利用地域资源，为老年人制定"生命计划"

▶ 项目概述

结缘福（ゆいま～る福）老年公寓位于日本大阪市西淀川区，于2016年10月开业，是日本结缘株式会社（株式会社コミュニティネット）旗下开设的老年公寓。公寓总建筑面积约2600m²，采用三层木质装配式结构。项目包括各自独立运营的两部分，一部分为附带服务式老年住宅（サービス付き高齢者向け住宅），共有53间居室，居室面积约为32m²~59m²，主要面向60岁以上的健康老年人，由结缘株式会社自己持有运营；另一部分是认知症老人之家，外包给其他机构运营。

▶ 整合地域资源

结缘株式会社成立于1998年，公司旨在"创建一个可以从小孩到老年人多代人共同生活的社区"，目前运营有十多家结缘系列老年公寓①，包括附带服务式老年住宅、介护型付费老年公寓、住宅型付费老年公寓等类型，部分公寓合并设置了小规模多功能与短期入住的设施。这些公寓通常选址在临近交通设施、医疗资源、商业及社区配套的位置。结缘系列老年公寓的核心设计理念在于"建立一个地域性的养老护理系统"，即为老年人提供一个从健康阶段到需要介护时都能安心居住的环境，充分利用地域资源（医疗、介护、NPO组织等）提供居家养老支持（图1）。

> **＜点评**　什么是"附带服务式老年住宅"？
>
> 日本的养老建筑类型中，经常会看到"附带服务式老年住宅"，它和一般的住宅有什么区别？
>
> 日本提出建设附带服务式老年住宅，主要目的是**在住宅和福祉设施之间新增一种过渡性的产品类型**，为难以在原有住宅中持续生活，又不够条件入住福祉机构的老年人提供一种新的选择。关于确保高龄者居住安定的法律法规等政策明确了该类型建筑的入住条件、申报制度、建设标准、服务内容及补贴政策。

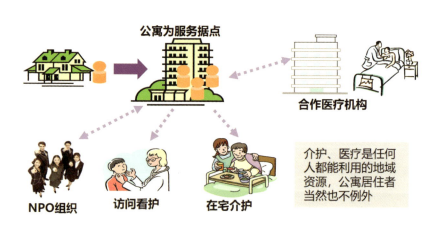

图1　结缘系列老年公寓核心设计与运营理念

▶ 鼓励老年人"为自己的生命做主"

作为结缘株式会社较新的项目，结缘福老年公寓延续了该公司去机构化的运营理念，努力融入社区，希望为老年人提供如"家"般的氛围与服务。结缘福希望入住的老年人能"为自己的生命做主"，从搬入公寓开始，工作人员每年都会与老年人共同拟定一次"生命计划"。生命计划的内容包括是否希望得知疾病和预期寿命、未来希望选择安乐死还是持续治疗、是否捐献遗体、房间里的遗物如何处理等问题。未来若老年人无法表达自己的意图，工作人员将根据生命计划的内容，为老年人提供服务。这样的理念体现了对生命的尊重，获得了老年人的广泛认同。

---

① 截至2017年开业运营的结缘系列老年公寓除本项目外还包括伊川谷、那须、多摩平之森、圣丘、拜岛、中泽、厚泽部、高岛平、大曾根等。

功能布局

围合式布局，各区域功能明确

结缘福老年公寓的建筑整体布局呈围合式，3栋3层的老年人居室（A栋、B栋、C栋）与东侧的公共服务设施共同围出一个内庭院，庭院内设有种植园（图2）。

公寓的主入口（图3）位于场地的东侧，主入口处的公共服务设施是一栋1层的单坡顶建筑，主要用作餐厅和图书室（图4）。

A栋位于场地北侧，一层设有前台和多功能室，能够满足接待、会议以及举办小型活动的需求（图5）。B栋和C栋分别与大野川绿荫道路和福町公园相邻，具有较好的景观环境。C栋东侧一层设置了认知症老人之家，由其他专业认知症护理机构运营。

图3 公寓主入口及停车场

图4 从种植园看餐厅、图书室与老年人居室（C栋）

图2 结缘福老年公寓首层平面图

图5 多功能室

设计特色 ①

"参与型"设计与管理,让老年人成为主角

日本大阪市 | 结缘福老年公寓

▶ **建设过程中鼓励老年人参与讨论与决策**

公寓嵌入社区,致力于服务周边老年人,采用了"参与型"的设计理念,让入住者成为公寓的主角。在前期规划过程中,结缘株式会社每月都与周边社区的居民一起开会,探讨项目进程、功能配置、入住价位、房间面积以及建筑空间格局等事项,让当地居民尤其是老年人参与设计决策,同时也将公寓的建设状况在网上分享(图6)。这样不仅听到了老年人的真实需求,也帮助项目进行了有效的前期宣传,使很多老年人对将来入住的公寓情况十分了解。因此,公寓刚投入运营,入住率就达到了50%。此外,公众参与的过程也帮助公寓增强了与社区的联系,获得了社区居民的支持与信任,为公寓后期开放式运营、融入社区打下了基础。

▶ **运营过程中鼓励老年人"自己动手"**

在后期运营的过程中,公寓也努力让老年人作为主人,像在家一样"自己动手",保持居家生活的状态。以公共餐厅为例,其厨房为开敞式,鼓励老年人参与食物的制作过程(图7)。餐厅中还设计了一个岛式操作台,供老年人自己制作一些茶点(图8、图9)。内庭院设有种植园,老年人可以自己动手种植蔬果(图10)。植物的种植与收获能够给老年人一种"季节感",收获的水果蔬菜也可以在餐厅制作成料理供大家一起享用。

图6 项目建设者与社区居民开会探讨项目相关事项

图7 开敞式厨房,鼓励老年人参与食物制作

图8 餐厅中的岛式操作台

图9 老年人亲自动手制作料理

图10 老年人在园中动手种植蔬果

设计特色 ②
与社区建立良好关系，充分融入社区

▶ **充分利用配套服务资源，促进社区资源整合**

结缘福老年公寓位于一个成熟的社区中，交通便利、配套设施丰富（图11）。从公寓步行5分钟就能到达电车站，周边还有便利店、药店、邮局（图12）、超市、绿荫道和公园等设施供老年人使用。结缘福老年公寓充分利用周边社区完善的配套设施，从而减少了公寓中同类功能的设置，这样能够更加聚焦老年人居住与活动功能的空间品质，让公寓的定位更加简单、运营更加高效。

此外，公寓还与周边的药店、诊所和综合医院等医疗配套设施建立了良好的合作关系。当老年人出现身体不适的时候，公寓会迅速与周边相关的医疗服务设施进行联系与合作。周边的医疗机构若有需要康复的老年人，也会被推荐到公寓居住。如此，公寓实现了对现有资源的利用与整合，为周边社区的共同发展做出了积极贡献。

图11 公寓及周边环境

▶ **公寓内的公共空间对外开放，加强老年人与社区的交流**

在规划布局上，结缘福老年公寓与外部区域之间未设置围墙等明确的分隔界线，与周边社区融为一体。公寓主入口处摆放有供周边居民休憩的座椅，也设有宣传公寓内活动的告示牌和宣传栏，吸引过路居民驻足（图13）。公寓内的公共空间除了供老年人使用外，还面向社区开放，定期举办活动以增进老年人与社区的交流。公共餐厅中，老年人既是被服务的对象，也是餐厅的主人，可以邀请周边社区的居民前来聚餐交流。公共餐厅旁设置了读书室，供老年人和社区居民共同使用。社区的一些儿童是读书室的常客，他们为公寓带来了活力，为老年人带来了欢乐。公寓也经常举办读书活动，老年人可以教孩子们认字，这让老年人有了被需要的感觉（图14）。

图12 设施周边的邮局

图13 公寓主入口处的休息座椅、告示牌和宣传栏

图14 老年人与儿童在图书室中互动玩耍

设计特色 ③
木结构传统建筑形式，营造居家氛围

日本大阪市 | 结缘福老年公寓

　　结缘福老年公寓采用木结构，建筑材料大多选自当地的木材，传承了当地的建筑文化。采用木结构的优势在于，一方面，木结构的抗震性能卓越，在地震频发的关西地区，能够让老年人更加放心；另一方面，木结构具有较好的隔热性能和吸湿能力，能够保证室内微环境更加舒适，也营造了温馨、自然的氛围，让老年人倍感亲切。对居家氛围的营造还体现在居室的布置上。在交房时，老年人的房间中除了厨房和卫生间之外，未提供任何固定家具，老年人可以自带家具，按照自己的生活习惯进行个性化布置，如同在自己家一样（图15）。

　　此外，公寓餐厅与图书室采用了单坡屋顶的形式，其材质和坡度都经过了精心的设计，是对周边老房子的回应与传承。配合暖色的灯光和色彩清新的桌椅，房间内显得舒适而温馨（图16、图17）。

图15 老人居室采用木结构，且不提供固定家具

图16 餐厅内部空间

图17 图书室内部空间

▶ **小结**

　　作为融入社区环境的小型老年公寓，结缘福营造了亲切的居家氛围，回应了老年人的需求，实现了对老人的尊重。在前期开发过程中鼓励老年人共同参与，能够提升老年人对公寓设计与运营理念的认同，保证开业后的入住率；在运营过程中，鼓励老年人延续烹饪、劳作等原有居家生活方式，有助于保持老年人的身体机能；对老年人个性化需求的尊重，能够让老年人获得家一般的归属感。公寓充分利用社区配套设施资源，同时向社区开放，创造了老年人与社区的良性互动，也有助于公寓与社区共同发展，这样的运营理念值得我们借鉴学习。

图片来源：
1. 首页图、图4、图7、图9、图10、图11、图14、图19来自参考文献[1]；
2. 图2根据公寓提供的资料改绘；
3. 图1来自结缘株式会社社长高桥英与先生讲演资料；
4. 其他图片均来自周燕珉工作室。

参考文献：
[1] 公寓官方网站 https://yui-marl.jp/fuku/
[2] 郑远伟. 日本附带服务型老年住宅建设经验对中国的启示[J]. 建筑创作, 2020(5):40-47.
[3] 张昕艺, 王元明. 日本大阪结缘福老年公寓[J]. 建筑创作, 2020(5):170-173.

调研札记

本次调研由结缘福的工作人员全程陪同解说，在参观过程中我们受到入住老年人的热情接待，他们自豪地向我们分享居住在这里充实快乐的日常生活，参与到公寓服务和运营中的种种趣事（图18~图23）。老人们脸上洋溢的真实笑容，让我们深受感动！

"今天举行活动，来玩吧" 01

图18 不一样的公寓入口

公寓入口完全融入了周边的环境，当我们来到入口时甚至没有意识到这是一个老年公寓。门口布置的休息桌椅和海报，吸引着周边人群前往用餐和参与活动，就如海报所写"今天举行活动，来玩吧"！

尊重老年人的想法 02

图19 前期策划中，老年人对公寓设计发表意见

管理人员告诉我们："我们希望超越年龄和社会地位，营造人与人之间互相尊重、平等互助的社会关系，并在这样的社会关系下建设我们的公寓。"他还提到，"在公寓中设置餐厅就是周边老年人们提出的想法"。

与社区共享 03

图20 居民与老年人一同参与儿童绘本阅读活动

餐厅是老年人及周边居民共享的客厅，大家可以在此聊天喝茶，或参与点心制作。图书馆及多功能厅都面向当地社区开放，方便居民阅读捐赠的书籍、举办研讨会等各类社区活动。

种植园中的水池 04

图21 种植园中的水池

公寓内庭院的种植园设置了水池，欢迎感兴趣的老年人亲自动手参与种植。这些活动可以帮助老年人保持身体机能，也给老年人的生活增添了趣味。同时，还能减轻工作人员的负担，让老年人和工作人员都更加满足和愉悦。

"我要变成蝉啦！" 05

图22 餐厅外窗上的蝉蜕

餐厅的外窗上有一只蝉蜕，旁边的小贴纸上写着"我要变成蝉啦！"这种有趣的小细节吸引了入住老年人和我们的目光。公寓工作人员自豪地表示，这是他们的"杰作"，并向我们介绍了日本人对蝉的着迷。

与其他设施的良好互动 06

图23 调研人员与餐厅工作人员合影

管理人员表示："我们需要对所在社区、地区的所有养老服务资源进行整合，与老年人可能用到的所有设施都进行良好的沟通，营造良好的关系。比如，时常与其他公寓的工作人员一起见个面吃饭、聊天，这样才能在运营中互帮互助。"

> 日本千里康复医院基于"用心的医疗"这一理念，借由度假酒店式的环境体验，让患者在有障碍的环境中，运用日常生活动作进行有效的康复训练，不仅获得了身体机能的恢复，也得到了精神的治愈。

康复护理设施

14

日本大阪府千里康复医院

**Osaka, Japan
Senri Rehabilitation Hospital**

- 所 在 地：日本大阪府箕面市
- 开 设 时 间：一期开设于 2007 年 10 月，二期开设于 2017 年 11 月
- 设 施 类 型：恢复期康复医院
- 总建筑面积：7254.81m²（一期）
- 建 筑 层 数：地上 3 层，地下 1 层
- 床 位 总 数：172 床（一期 115 张，二期 57 张）
- 居 室 类 型：单人病房为主，设有特殊病房及 12 间综合病房
- 收 费 标 准：包括医疗费用、餐费和其他费用，划分不同等级
- 运 营 主 体：和风会（医疗法人社团和风会）
- 建筑设计团队：日本共同建筑设计事务所（KYODO ARCHITECTS & ASSOCIATES）
- 景观设计团队：E-DESIGN 事务所

建筑环境支持 + 度假式康复的运营理念

日本大阪府 | 千里康复医院

项目概述

日本千里康复医院（千里リハビリテーション病院）位于日本大阪府箕面市，是一家以帮助脑卒中病患康复为主要业务的新型恢复期康复医院[1]。医院包含一期主楼、二期附楼、绘画音乐楼和园艺楼（图1~图5），其建筑及景观环境设计也屡获殊荣[2]。

不同于一般的康复医院，千里康复医院在建筑空间形式上更像酒店，尺度宜人，氛围温馨；在康复理念上，患者可以借助日常生活动作，如穿鞋、打扫卫生、走楼梯等，完成必要的康复训练。该医院的住院患者出院后能够在家正常生活的比例达90.85%，近3个月的恢复期病房绩效指数达48.4[3]，康复效果在日本名列前茅。该医院的特色正如日本医疗福祉建筑协会发布的颁奖词所写："这是一栋建筑环境与运营服务高质量融合的建筑，可最大限度贯彻运营方'度假式康复'的理念。"

度假式康复，用心满足患者需求

千里康复医院由医疗法人社团和风会运营，运营方提倡"用心的医疗"，即站在患者的角度，用心思考其生活需求与治疗方案、建筑硬件之间的矛盾，提倡从满足患者生活需求的角度出发，使其康复后能够回归家庭、社会，保持独立生活能力。医院为此调整治疗方案，并打造相配套的建筑空间。和风会在千里康复医院项目中提出"度假式康复"的理念，通过类似度假酒店的环境、与日常生活需求匹配的治疗方案，让患者身心放松，以最佳状态配合治疗（图6）。

图2 主楼外观

图3 园艺楼外观

图4 附楼外观（夜景）

图1 千里康复医院总平面示意图

图5 绘画音乐楼外观

度假式康复理念

1. 利用日常生活动作进行康复
根据患者的生活作息习惯制定康复训练计划，将起床、洗漱、更衣和洗浴等过程视为开展日常生活动作训练的"黄金治疗期"，让康复后的患者能够更好地适应生活、重返社会

2. 在有障碍的环境中进行康复
认为"障碍"在日常生活中十分常见，也是患者康复后回归社会必须要面对的现实。因此，康复过程应该结合患者的身体条件，为其选择适当的环境进行有障碍的康复

3. 重视精神疗愈，保护其尊严隐私
康复不仅要恢复身体机能，也要治愈精神创伤。医院的度假氛围有助于患者进行精神疗愈，使其主动配合康复训练。此外医院针对有特别隐私需求的患者，配备了特殊病房和独立电梯

图6 度假式康复的理念内涵

---

① 恢复期康复是三级康复医疗服务网络的组成部分。按照服务阶段，康复医疗可以分为急性期康复、恢复期康复和维持期康复。
② 千里康复医院的一期主楼建筑获2009年度日本医疗福利建筑大奖，一期的景观设计获2008年日本优良设计大奖，二期附楼建筑获2018年日本优良设计大奖。
③ 绩效指数是日本衡量恢复期康复医院康复效果的重要指标。其计算方式为绩效指数 $FIM=$（出院时的$FIM-$入院时的FIM）/（入院到出院的天数/厚生劳动省设置的最大天数）。
千里康复医院的恢复期病房绩效指数达48.4，远高于日本厚生劳动省规定的最低值27，也高于日本恢复期康复医院的平均值41.4。

主楼功能布局
地下层：门厅接待 + 后勤辅助

由于在 2017 年 8 月参观时二期附楼尚未开放，因此，本文主要叙述对象为其主楼。该设施的一期主楼共有 4 层，地上 3 层，地下 1 层。

▶ **B1：接待大厅 + 中央厨房 + 办公后勤**

受基地西侧比东侧高约一层楼的地势影响，主楼的建筑主入口设置在地下层（图 7）。主楼地下层为接待和后勤辅助空间，设有接待大厅，食物储藏及中央厨房，药品储藏空间，员工更衣、办公空间，消防设备间等（图 8、图 9）。

图 7 主楼建筑主入口

图 9 主楼接待大厅

图 10 主楼门斗

门斗：与道路垂直布置，避免冬季冷风直接灌入室内。门斗设置电动门且做到内外地面无高差处理，方便轮椅进出（图 10）

图 11 读书角利用天井采光

读书角：位于门厅一角，利用天井采光，摆放精美的图书吸引老人前来借阅（图 11）

中央厨房：负责主楼餐食的烹饪，设有直达二层备餐区的餐梯以及专用的储藏间，且方便从后勤出入口进出

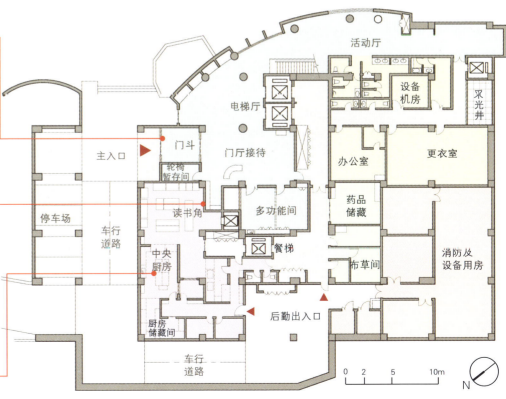

图 8 主楼地下层平面图

一层：医疗空间 + 病房组团

▶ **1F：医技科室 + 综合病房组团 + 病房组团**

主楼一层北侧的医疗空间包含各类医技科室和综合病房组团，南侧为普通病房组团（图12）（详见后文病房组团平面布局）。

> **综合病房：** 紧邻医疗空间设置，共设有12间，患者需要在综合病房留观14天后才能入住普通病房组团

> **内庭院 & 室外景观花园：** 环绕病房组团布局，既将不同的功能区域分隔开来，减少干扰，又巧妙解决了病房的采光问题，营造出优美舒适的景观环境（图13、图14）

图13 主楼一层内庭院景观　　图14 主楼西侧景观环境

图12 主楼一层平面图

二层：餐厨空间 + 病房组团

▶ **2F：集中餐厅 + 厨房备餐 + 室外花园 + 病房组团**

主楼二层北侧包含集中餐厅、厨房及备餐区和室外景观花园，南侧为普通病房组团（图15~图17）。

室外景观花园：紧邻餐厅布局，设置有花园小径吸引患者就餐前后进行散步运动。多种类型铺地，让患者克服不同的困难

集中餐厅：鼓励患者到餐厅就餐，作为日常康复训练的一部分。餐厅布局类似度假酒店，就餐人员需要自行前往餐台，餐厅门口摆放有当日餐食样品方便选择（图18、图19）

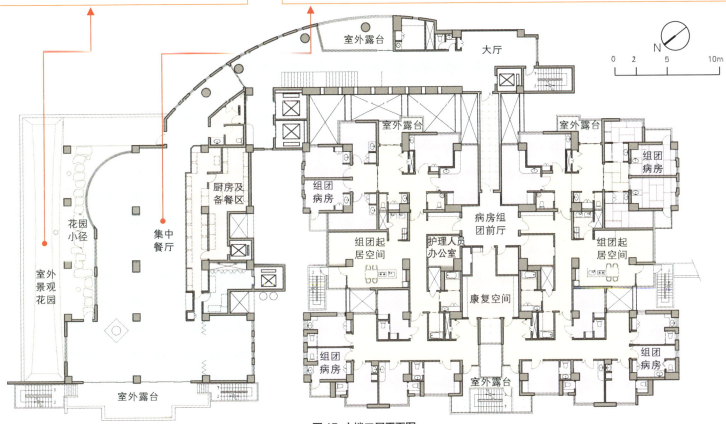

图15 主楼二层平面图

图16 主楼二层的集中餐厅

图17 室外景观花园

图18 餐台摆放食物供自主选择

图19 摆放的当日餐食样品

三层：特殊病房单元 + 病房组团

日本大阪府｜千里康复医院

▶ **3F：特殊病房单元 + 治疗室 + 病房组团**

主楼三层南侧为普通病房组团、治疗室，北侧布置有6套特殊病房单元，提供给有特殊隐私需求的患者使用，例如康复期间只愿意接触医护人员的患者（图20）。

特殊病房单元： 布局类似普通住宅，格局、面积大小各异，设置有起居厅（图21）、卧室、卫生间、厨房和餐厅（图22）等，且均带有室外花园（图23）或入户花园（图24）。入住患者可通过专属电梯出入组团，减少与其他人员接触，充分保护其隐私

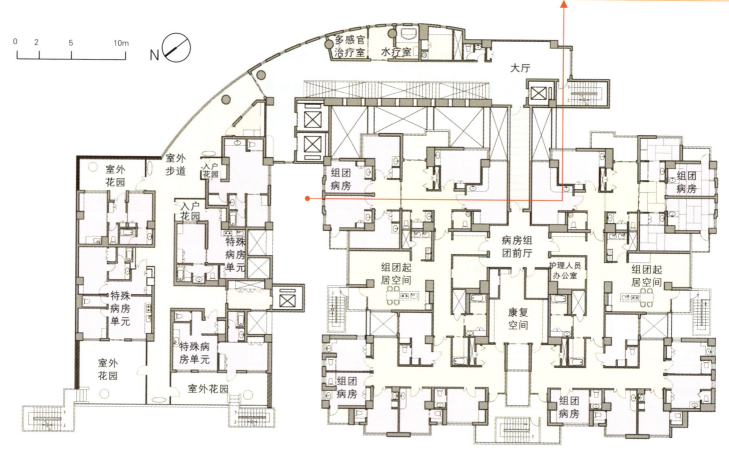

图20 主楼三层平面图

图21 特殊病房单元的起居厅

图22 特殊病房单元的厨房和餐厅

图23 特殊病房单元的独立入户花园

图24 特殊病房单元的室外花园景观

病房组团

病房组团:"12LDK"布局模式

主楼一至三层南侧均为普通病房组团,采用相似的平面布局,均有 A、B 两个组团,采用"12LDK"的布局模式,即 12 间病房为一个组团,组团中设置有起居厅、餐厅和厨房(图25、图26)。每个病房组团又可以按照东西方向分为 2 个小组团,其中 6 间病房配有独立的卫生间,另外 6 间病房则共用 2 套公共卫生间。所有病房均配置有盥洗池、书桌、壁橱等家具和空调、冰箱等必要电器。多种类型的居室能够灵活应对患者不同的居住习惯和不同的经济承受能力。

> **日式病房:** 位于病房组团 B 的东南角(有无日式病房是组团 B 和 A 的主要区别),每层共设有 4 间采用日式风格的病房,房间内铺设有榻榻米,以适应本土患者特有的居住习惯(图 27)。患者可以根据自身情况选择仕榻榻米上休息,或者在榻榻米上增设护理床

图 26 病房组团内部的餐厅和厨房

图 27 日式病房中的榻榻米房间

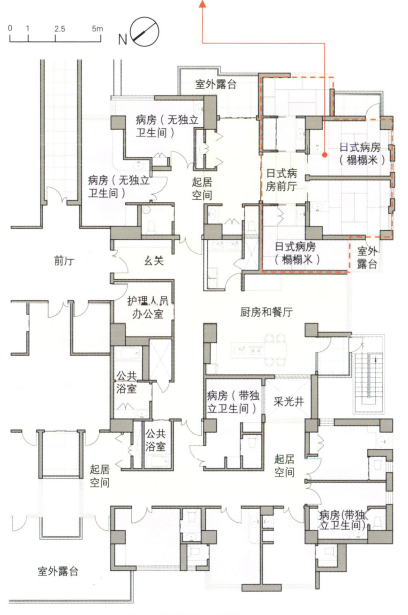

图 25 病房组团 B 平面图

设计特色① 高品质空间设计充分营造"度假感"

该医院围绕"度假式康复"的运营理念，通过星级酒店般的病房单元、生活化的景观设计、充满艺术感的装饰和细节等，用高品质的空间设计诠释了"度假式康复"的运营理念，表明康复医院不一定是冷冰冰的机构，也可以是一个"能够正常生活的地方"。

▶ 病房空间——类似酒店客房，弱化机构特征

医院的病房采用了类似酒店客房的设计。房间未布置病房中常见的护理床，床头的呼叫器和医疗设备也巧妙地用柜格隐匿起来；每一间病房中都设置有书桌和盥洗池，富有设计感的玻璃水池和灯具，极大提升了空间的品质，弱化了空间内的医疗机构特征（图28）。

图28 类似酒店的病房空间

▶ 装饰细节——充满艺术感，提升空间品质

医院还聘请了专业的艺术总监、服装设计、文学指导、音乐和内饰指导，通过艺术创造、装饰细节等，全力打造富有艺术气息、舒适、高品质的医疗空间（图29）。

（a）墙上的画作　　（b）空间内的摆件
图29 项目艺术总监为医院创作的艺术作品

▶ 景观设计——营造生活感，抚慰患者心理

医院的景观设计注重营造出生活感，可以抚慰患者内心，避免产生心理上的抗拒。位于主楼顶层的特殊病房彼此独立，病房之外设有花园和石板铺设的通道，患者前往康复空间时，会穿行一段室外空间，如同离家穿过社区前往医院一般（图30）。主楼二层餐厅外设有花园小径，患者用餐后，可以选择在小径散步，就如同饭后在社区遛弯一样（图31）。

图30 特殊病房外景观丰富的室外空间

图31 就餐人员餐后在室外景观花园散步

设计特色②
生活化的场景创造日常动作康复条件

该医院将专业的康复训练拆解为日常生活动作,并由专业人员进行指导,所以没有集中设置大面积的机能训练室,而是将这些功能分散到病房组团、公共区域等空间的生活化场景之中,并藉由此开展日常康复训练。因此,医院平面布局非常紧凑,以主楼为例,其床均建筑面积仅为约 $63m^2$,远低于我国康复医院的一般建设标准。

▶ 病房组团——家庭生活化康复训练

区别于一般康复医院的通廊式布局,该医院病房采用组团式布局,每个病房组团设有独立的玄关、岛台厨房,居室围绕起居厅、餐厅布置,部分居室采用日式风格。这种平面组织形式,在病房区域创造出很多家庭化的生活场景,并借由这些场景进行日常康复训练:在玄关需要穿脱鞋,在岛台厨房可以进行烹饪和洗涤,在自己的居室需要盥洗和穿脱衣等(图32、图33)。

▶ 公共区域——针对性功能康复训练

医院在公共区域,结合某些特定康复动作进行了很多针对性的设计。例如,贯穿四层的楼梯除了设计考量,也是患者在专业康复人员的帮助下,根据自身能力进行肢体训练的场所(图34)。又如,图书角中受欢迎的书籍被摆放在较高位置,患者在拿取时需要抬手到一定高度;书籍的材质品类丰富,多种形式的书能够训练不同能力患者的翻阅能力,以达到锻炼手指的目的(图35)。

图32 在组团厨房进行清洗餐具训练　　图33 在病房居室进行穿脱衣训练

图34 大楼梯可以进行肢体训练　　图35 图书角可以进行手部训练

▶ 小结

作为一家新型恢复期康复医院,日本千里康复医院的创新之处在于紧密结合"回归社会、回归生活"的康复目标,站在患者的角度,为其创造了一种即有尊严又非常有效的治疗方案。该医院不单单呈现了一个布局紧凑、尺度宜人、环境舒适、空间美观的设计范例,同时也为设计师提供了一种新的设计角度:运营理念和建筑实体相辅相成,对设计理念的创造性解读,可以作为建筑设计革新的出发点。尽管受国情限制,千里康复医院的模式很难在我国进行复制,但是这种模式也给予我们很大的启发:改变看待康复的视角,细心为患者考虑,就能让"康复"真正变为"疗愈"。

图片来源:
1. 图2、图3、图4、图16、图26、图28 来自参考文献[1];
2. 图1、图8、图12、图15、图20、图25 改绘自参观时设施提供宣传册;
3. 图5、图7、图9、图14、图27、图29、图32、图33、图34、图35 来自参考文献[2];
4. 其他图片均来自周燕珉工作室。

参考文献:
[1] 日本共同建筑设计事务所官网 https://www.kyodo-aa.co.jp/works/senri-rehab/
[2] 日本千里康复医院官网 https://www.senri-rehab.jp/rehabilitation/
[3] 叶超群.康复医学概论[M].北京:北京体育大学出版社,2010.
[4] 三浦研.効果的な在宅復帰のために計画された新しい回復期リハビリテーション病院の評価・検証[EB/OL]. https://kaken.nii.ac.jp/ja/file/KAKENHI-PROJECT-21760480/21760480seika.pdf,2010
[5] 一般社団法人回復期リハビリテーション病棟協会.回復期リハビリテーション病棟の現状と課題に関する調査報告書(修正版)[EB/OL].http://plus1co.net/d_data/2019_zitai_book_kaitei.pdf,2019
[6] 郑远伟,丁剑秋.日本大阪千里康复医院[J].建筑创作,2020(5):174-181.

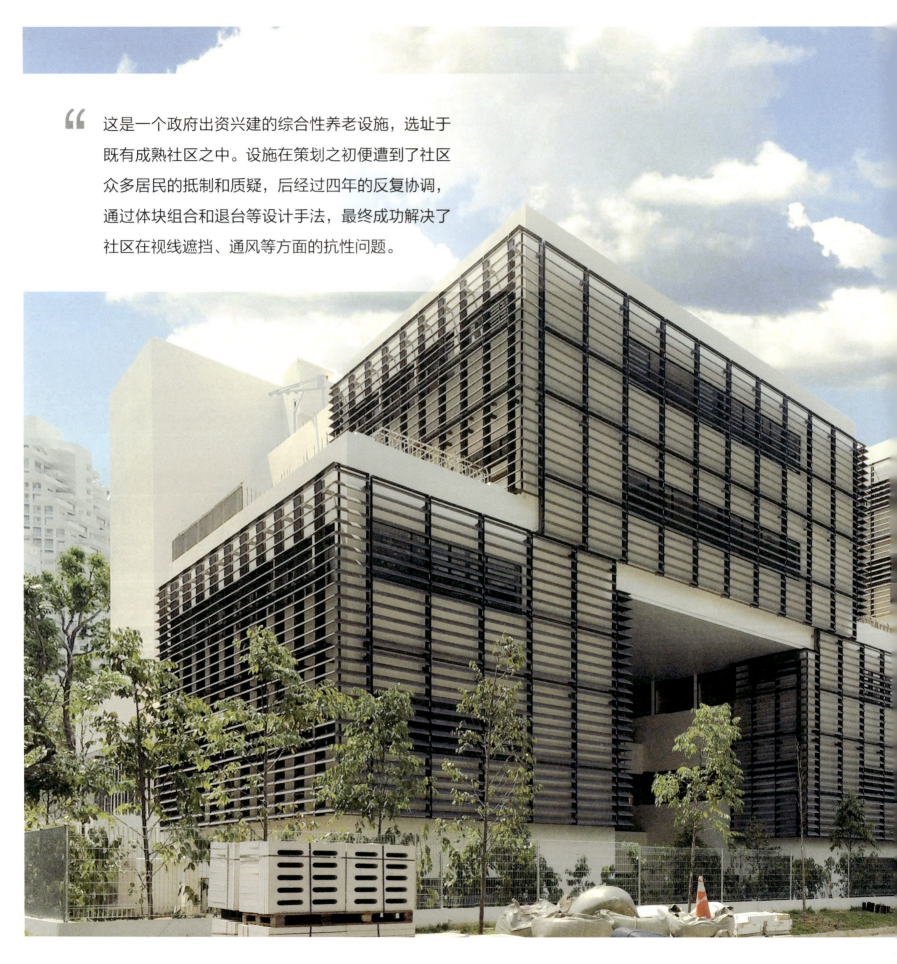

> 这是一个政府出资兴建的综合性养老设施，选址于既有成熟社区之中。设施在策划之初便遭到了社区众多居民的抵制和质疑，后经过四年的反复协调，通过体块组合和退台等设计手法，最终成功解决了社区在视线遮挡、通风等方面的抗性问题。

养老设施
社区融入型设施
邻避问题

15

新加坡碧山镇狮子会乐龄之家

**Bishan Street, Singapore
Lions Home for the Elders**

- 所 在 地：新加坡碧山镇碧山 13 街
- 开 设 时 间：2016 年 5 月
- 设 施 类 型：综合型护理设施
- 用 地 面 积：3200m²
- 总建筑面积：12080m²
- 建 筑 层 数：地下 1 层，地上 6 层
- 居 室 总 数：36 间
- 居 室 类 型：多人间为主，标准户型 73.5m²
- 床 位 总 数：230 床
- 入 住 情 况：贫困家庭的全失能老人占 90%
- 建 设 方：新加坡卫生部
- 设 计 团 队：新加坡 RSP 设计事务所（RSP Architects Planners & Engineers）

项目概述　　　　　　　　　　　　　　　　　　　　　　　新加坡碧山镇 | 狮子会乐龄之家

小规模组团布局，融入社区的设计理念

新加坡是亚太地区人口老龄化速度最快、全球预期寿命最长的国家之一。基于原居安老的诉求，在社区里建设养老设施也就成为其必然措施，本项目便是在此大背景下建成的公建民营设施。项目共设有36套6人间半开敞居室，面积在70~90m^2之间，总建筑面积12080m^2，为公建民营性质的综合性老年人照料设施。

该项目由新加坡卫生部（MOH）出资建设，由非营利福祉社会组织新加坡狮子会承接运营。服务对象中90%为符合国家"兜底"标准的低收入家庭失能老年人，可享受政府的补贴；10%为纯自费老年人。

设施位于高层高密度的公共组屋区[①]内，一面临街，三面紧邻高层住宅（图1），附近有中学、体育场、认知症照料设施，购物中心、地铁站等（图2），交通较为便利，设施原址是社区的篮球场。

该设施地下1层，地上6层，建筑形态上较有特色。它把不同楼层的护理组团叠成一个个体块，并使这些体块相互交错。一方面错开的空间形成了较通透的架空室外活动场地和露台，另一方面通过虚实对比，形成了较强的积木般的体块感。

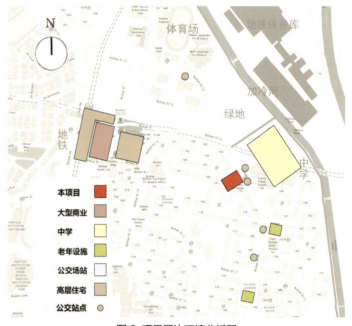

图2　项目周边环境分析图

图1　该设施三面被4栋高层住宅包围

图3　西北一侧外观，设施与现状住宅较近

图4　该设施东南一侧与现状住宅较近

[①] 公共组屋区为新加坡政府根据"居者有其屋"计划兴建的大型系列化居住区，当地90%居住区均为此种类型，通常为高层高密度社区，类似国内的经济适用房居住区。

解决社区邻避问题的成功案例

该项目建设在高层高密度的公共组屋区内,在项目启动之初,与周边居民的沟通工作就被提上议事日程。鉴于多种族融合混居是新加坡的基本国策,居民风俗信仰和生活习惯各异,故建设方坚持按照当地项目管理"设计—公示—协商—直至达标"的通行做法,对项目信息进行了公示、对话和协商。

2012年5月,本项目概念设计初步完成,由当地公民咨询委员会进行公示并征集社区居民的意见。200多名居民参加了协调会,并形成了书面建议。其中,紧临项目的4栋高层住宅楼的住户提出了较多的质疑和意见,并由40位居民形成署名的《请愿书》提交给当地议员和卫生部的官员。这些意见可以简单地概括为一句话:"社区老年人照料中心很好,也很必要,但是,请不要建在我家附近。"

> **< 点评**　**养老设施的邻避效应**
>
> 养老设施的邻避效应是非常常见的,在新加坡也不例外。那么,针对本养老设施的建设,居民的反对意见有哪些呢?
>
> 一位70岁的退休人士说:"我原本从房子可以看到加冷河边的绿地,也可以看到孩子们在楼下打球,该项目建设会挤占球场,一来他们没有了球场可以玩,二来我再也看不到远处的绿地了。"
>
> 另一位41岁的居民说:"我不认同社区养老,如果孩子有孝心,再远的设施他们都能去看望老人,所以请不要在我的社区建这个设施。"

▶ 居民意见1:它很碍眼

项目用地原为篮球场,周边有四栋8~12层的高层住宅,设施的建设确实会遮挡周边住宅的部分景观视线,这使得来自周边住宅的反对声音占绝大多数,他们普遍觉得利益受损,导致他们无法看到街对面的加冷河及河畔绿地。在这些意见中,又可分为两类:一类觉得不能接受视线被遮挡,希望项目择址另建;另一类意见则相对理性,他们认为无须择址另建,但希望设施立面不是"一堵大墙或者一座城堡",这类意见占大多数。

▶ 居民意见2:它妨碍通风

另一个较多的反对意见是觉得这座新建设施会妨碍现有的通风。依据有两个:一是该设施距离现有住区过近。经笔者踏勘实测,项目用地红线距离现有住宅楼栋平均在20m左右,最近点仅18.4m(图3、图4),设施确实会影响通风;二是新加坡地处热带,为赤道多雨气候,湿度介于65%~90%之间,当地居民对通风从观念上和实际需求上都非常的重视。"挡风"也确实会给居住环境带来较多的影响,最直接的影响就是会大量增加住户的空调电费。

▶ 居民意见3:它很堵心

居民还会担心设施里大量的失能老人会对儿童和青少年产生不良影响乃至"心理阴影"。这类意见大致分为两类:一类意见是不希望在家看到老人的生活场景,觉得这样会使家里充满"暮气";另一类意见则很感性,"原来是孩子们在球场上充满青春活力的气氛,现在变成老人们呻吟着进出我们社区的景象"。不可否认,在绝大多数深入社区的养老设施建设中,因"堵心"而反对的现象普遍存在,尤其是改扩建类的项目。

设计特色①

体块穿插、通透灵动，不"碍眼"

新加坡碧山镇 | 狮子会乐龄之家

面对居民的质疑和意见，新加坡卫生部责成设计单位根据群众意见对设计方案进行了修订。在议员、公民咨询委员会、社区领袖、社会组织等个人和多个单位的共同努力下，经过两年多的修订—沟通—再修订—再沟通的工作，本项目公示反馈的处理意见最终得以明确。基于这些意见，建筑师在随后的设计中，提出了优秀的应对策略，这也形成了本项目鲜明的设计特色。

建筑师首先需解决的是质疑最多的"碍眼"问题。一栋建筑完全不遮挡周边视线是不现实的，但能大力改善的是住宅可能会面对的"城墙、城堡感"。建筑师通过三个手段较好地解决了这些问题：首先在面对住宅的南立面上，采用体块穿插的手法，形成了具有强烈虚实对比的体块堆叠，打破了封闭的立面；其次，在北立面，建筑师通过底层架空、其余各层布置外廊再出挑阳台等手法，形成光影丰富的错落立面；在距离住宅较近的西侧立面，通过层层退台大幅度削弱了居民所介意的"城堡感"（图5~图7）。

图5 设施通过层层退台减轻立面"城堡感"

图6 设施西北一侧的外观

图7 设施南立面采用体块穿插的手法形成虚实对比的体块堆叠

设计特色②
底层架空、通连内庭，不"挡风"

在通风问题上，建筑师需要面对"挡风"和自身通风两重挑战，其中"挡风"问题又被分为针对较低楼层和较高楼层的不同处理方式：①将一层尽可能架空（图8、图9），使得该设施对周边较低楼层住户的通风阻碍降到最小；②在最靠近西侧住宅的通风最不利的区域，通过顶层的层层退台，改善设施对周边较高楼层的通风影响。对于自身通风问题，建筑师通过将中厅对户外开放，并连通内部各内庭及架空层等手法，较好地解决了内部通风问题。

图8 主入口的"架空层"，义工和老人的各类活动均会在此向社区展示

> **< 点评** 　　**新加坡住宅的通风需求**
>
> 在公示期沟通期间，一位44岁居民兼信息工程师认为，设施会导致周边住宅通风不畅，而不得不大量使用空调。经他计算得出，竣工后70年整个社区将会因"多开空调"增加约4千万人民币的支出，他认为这笔支出应由政府负担。
>
> 新加坡住宅对通风的需求较强，甚至可以说是住宅设计的最重要原则之一，通风不佳的确会导致空调电费激增，这是设施建设必须解决的重大问题。

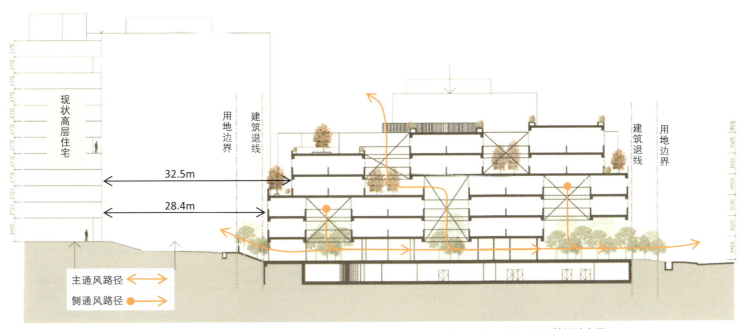

图9 设施东西方向的剖面图，从中可明显看出屋顶退台开阔视线、内庭互联便于通风等设计意图

设计特色③

展示活力、遮蔽居室，不"堵心"

新加坡碧山镇 | 狮子会乐龄之家

社区原居民所担心的老人暮气沉沉等"堵心"问题对建筑师来说是个较大的挑战。通过多次的交流及深入沟通，建筑师发现此问题难以解决的症结有二，一是"暮气"只是心理感觉，其产生和视觉、听觉、想象等多方面因素相关，较难被避免。二是因为建筑并非是万能的，实现不"堵心"还需在运营上下功夫，建筑设计需做到的，是保证硬件（建筑）对软件（运营和管理）的支撑。在此指导思想下，经过建筑师和狮子会运营人员的充分沟通，定下了"有收有放，收放结合"的设计原则。

▶ **"收"的原则**

将老人居室的外窗以百叶遮蔽（图10），这样就将老人长期卧床等现象遮挡在室内，同时也解决了热带地区强烈日晒的问题。

▶ **"放"的原则**

建筑师发现整个社区能观察到此养老设施的主要区域有两个：一个是线状的，从公交站点路过设施进入社区时，能清晰地看到设施的入口；另一个是面状的，即从周边的高层中观察，可以直接看到设施的屋顶。

基于此，建筑师把主入口架空（图11），屋顶设计为露台（图12），使它们完全对社区和城市开放。在设施运营时，通过举办大量的义工文娱活动（图13），把积极健康的精神面貌传达给社区，这些在后期的运营中都得到了较好的实现。

图10 通过百叶幕墙减少设施与住宅间的视线干扰

> **< 点评　　新加坡狮子会的简介**
>
> 本设施是由新加坡狮子会运营的，请问请狮子会是一个什么样的社会组织呢？
>
> 狮子会是新加坡较著名的非营利的社会组织之一，他们多年提供志愿养老服务，并和社会上大多数义工社会组织结成了稳定的帮扶关系。作为运营商，他们能比较容易地引入外部资源，为老年人带来丰富多样的文娱生活。

图11 设施主入口局部架空

"收放结合"的原则

很多的老年文娱活动并不适合在较大的底层架空空间和屋顶露台开展，这时将这些活动安排在一面开放的多功能厅里就较为恰当。此时虽然把活动场面"收"在了设施内，但欢声笑语却"放"到了社区。这在后期运营时也收到了较好的效果。

图12 设施的屋顶露台

图13 设施入口处的架空共享空间经常被用来义演

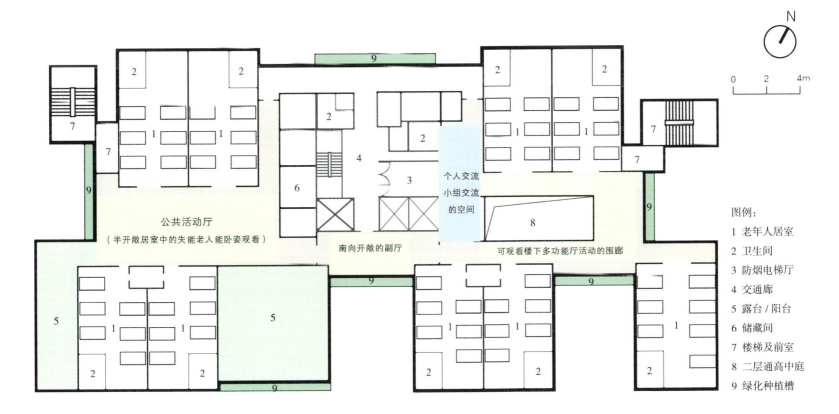

图例：
1 老年人居室
2 卫生间
3 防烟电梯厅
4 交通廊
5 露台/阳台
6 储藏间
7 楼梯及前室
8 二层通高中庭
9 绿化种植槽

图14 标准层平面布局图（第四层）

设计特色④
半开放的多人间更受老年人欢迎

新加坡碧山镇 | 狮子会乐龄之家

新加坡气候湿热，老年人对密闭的、小空间的单、双人间接受度较低，他们更愿意住在宽敞的多人间里，并且老年人还希望多人间能较为开敞，甚至是半开放的形式。虽然这样使个人私密空间几近于无，但却得到了更好的通风、视线和交流的条件。据笔者调查，老年人更倾向后者。

从平面布局图（图14）可以看出，组团居室为6人间，组团公共空间和居室之间仅通过1m高的隔断分隔（图15），居室出入口不设门扇、形成了半开放的居室。

图15 居室向公共空间半开敞，仅用矮墙分隔

▶ 小结

狮子会乐龄之家通过反复沟通和精心设计，较好地解决了养老设施建设所面对的"邻避困境"。在当今老龄化社会大背景下的城市更新中显示出重要意义。一个良好的老年设施设计，需要关注的问题是多方面的，不仅有建筑自身的功能问题、形态问题，还应关注运营问题，并对周边社区甚至城市负起责任。不仅在功能上接纳和照料社区里的老年人，还应在社区安定和谐及风貌建设中做出相应的贡献。

图片来源：
1. 图1、图2，基于谷歌地图绘制；
2. 首页图、图3~图17，由笔者拍摄；
3. 图9、图14由笔者根据资料改绘；
4. 图15及调研札记图片由狮子会乐龄之家提供。

参考文献：
[1] THINK. No to nursing home, say Bishan residents[EB/OL]. (2012-05-29). https://ifonlysingaporeans.blogspot.com/2012/05/no-to-nursing-home-say-bishan-residents.html
[2] 唐大雾，方芳，柴建伟. 新加坡碧山镇狮子会乐龄之家 [J]. 建筑创作，2020(5)：182-187.

▶ 调研札记

志愿者活动的常态化是狮子会乐龄之家运营的明显特点。在调研中，主管院长告诉笔者，志愿者服务不仅可以大幅度提高老年人们的精神状态水平，也可以为设施筹集一些善款，减少运营的压力。

志愿者活动的常态化　01

志愿者活动的常态化是狮子会乐龄之家运营的明显特点，根据运营方的安排，每周均会有3至4次志愿者前来探访，组织老年人多种多样的活动，比较常见的是带着老年人做康复操、唱戏曲、文娱汇演等。

志愿者与老年人的双向爱心传递　02

在养老设施内，志愿者并非仅仅扮演爱心施予者的角色，有时他们也会变成爱心的接受者。他们除了为设施做一些义工外，还接受一些老年人的指导，学习种植、插花、语言等技能。这样使老年人更开心，并获得成就感。图为志愿者在露台上学习插花。

受到高度关注的壁画墙　03

在入口架空层，志愿艺术家绘制了20世纪三四十年代，新加坡市井生活的壁画墙，增加了老年人的交流话题和对设施的亲切感。

"宣传是经营成功的一半"　04

由于狮子会是当地较为出名的慈善组织，多年的社会工作使他们总结出了一套独特的运营经验，院长常会不计成本借场地让电视台拍摄各类影视节目，作为回报，院方也得到了不少影视明星的代言。"宣传是经营成功的一半"，院长如是说。

募捐是设施重要的收入之一　05

设施90%的入住老年人为贫困家庭的失能老人，募捐成了该设施重要的工作之一。图为设施在购物中心面包房柜台上设置的募捐箱，每周都能收到不少的善款。

义工的自我成就空间　06

通常人们认为义工只是单纯付出，但其实他们也有自我成就的需求，经常会在有设施名字的场所合影。因此，建筑师应认真设计合影背景墙、交流角等空间。

> 斯卡拉布里尼认知症照料中心采用以人为中心的照料理念,并针对项目的目标居住人群——意大利裔老年人的文化背景,营造出了既具有意大利传统城市空间特征,又符合认知症老年人身心需求的居住环境,是当地认知症照料设施的先锋代表。

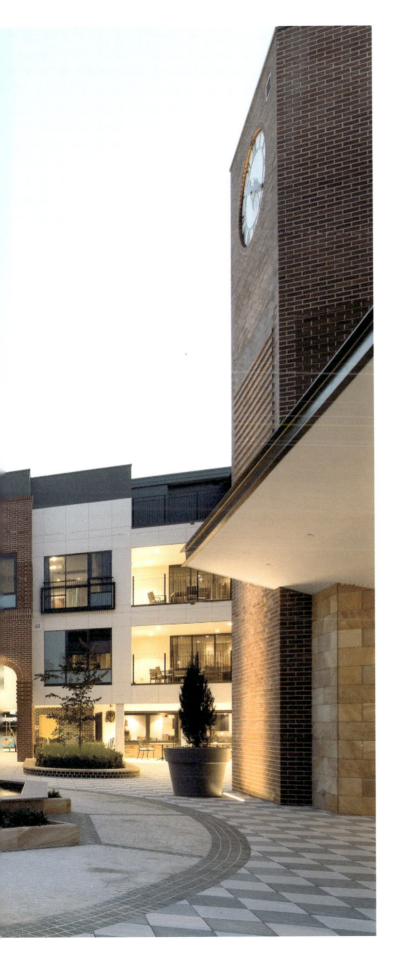

综合养老项目
认知症照料
组团式照料
街区感营造

16

澳大利亚悉尼
斯卡拉布里尼认知症照料中心

Sydney, Australia
The Village by Scalabrini

- 所 在 地：澳大利亚悉尼市，德拉莫因
- 开设时间：2018年
- 设施类型：认知症照料中心
- 总建筑面积：8979m²
- 建筑层数：地上4层
- 服务人数：150人
- 居室类型：单人间，夫妇间
- 收费标准：一次性入住押金97.5万~180万澳元
- 人员配比：每个单元中护理人员与老年人的比例为1:6
- 服务对象：患有认知症的老年人
- 设计团队：比克顿·马斯特斯团队（Bickerton Masters）

153

项目概述

澳大利亚悉尼 | 斯卡拉布里尼认知症照料中心

运营理念：支持认知症老人生活的尊严与价值

▶ **项目概述**

斯卡拉布里尼认知症照料中心位于澳大利亚悉尼市，是一所以认知症照料为特色、与独立生活公寓共同建设的养老设施，曾荣获2018年澳大利亚医疗保健周最佳老年护理机构奖（Best Aged Care Facility Award, 2018 Australian Healthcare Week）。

由于该设施所在的德拉莫因片区是意大利裔移民聚居的区域，设施在设计和运营中十分注重考虑意大利裔老年人的文化背景与生活习惯。设施周边为成熟社区（图1），用地呈长方形，建筑面积约8979m^2，由南北两栋建筑围合出中央广场，并在用地西端以过街楼连接，使得项目场地内部形成相对独立的"生活街区"，供认知症老人安全、自由地活动（图2）。

▶ **给予认知症老人支持和尊重，创造居家感**

设施的运营方斯卡拉布里尼（Scalabrini）公司是一个非营利组织，目前运营6个养老项目[①]。公司成立于1968年，最初由几位教会神父创立，公司准则是"Sono Io"（This is Me），即将个体放在首位，给予老人们选择权、掌控权和尊重。其核心理念是通过爱、怜悯与照护，为老年人和他们的家庭成员创造一个像家一样的场所，支持他们过上有自我价值和尊严的生活（living life with self-worth and dignity）。

本项目的核心运营目标是通过环境设计与照护模式共同支持认知症老人按照自己喜爱的方式生活。运营方希望居住者有真正居住在家中的感受，而不只是提供一个看起来像家（home-like）的空间环境。

图1 设施及周边环境

图2 设施北侧外观

[①] 斯卡拉布里尼公司目前运营的设施包括：The Village by Scalabrini（本设施）、Scalabrini Allambie Heights、Scalabrini Austral、Scalabrini Bexley、Scalabrini Chipping Norton和Scalabrini Griffith。这些设施都拥有舒适的起居空间和美妙的乡村氛围。

功能布局
按照村落布局，划分小规模照料单元

设施的英文名称为"Scalabrini Village"，意为斯卡拉布里尼村庄，空间组织也按照村落的模式，由多个小规模的照料单元——"Casa"（在意大利语中是家的意思），以及中央广场和街区构成（图3）。这样的空间层次划分既保证了老年人拥有私密、亲切的居住空间，也为老年人提供了丰富的活动与社交环境。

建筑主体共4层，首层至三层为认知症老人居住单元，四层为独立生活公寓，地下一层则为厨房、洗衣房等辅助服务空间。项目包括9个小型的照料单元，每单元居住6~18位老年人，共可容纳150位认知症老年人居住。

图例：
1 认知症照料中心入口
2 接待区
3 教堂
4 咖啡厅
5 独立生活公寓入口
6 内街
7 美发沙龙
8 多功能活动厅
9 敞廊休闲区
10 居住组团
11 辅助服务空间
12 中央广场
13 小花园
14 修道院
15 连廊
16 车库入口

图3 设施首层平面图

设计特色 ①

澳大利亚悉尼 | 斯卡拉布里尼认知症照料中心

视线通透、空间丰富的家庭组团

家庭组团的设计紧密围绕"家"的概念，从组团空间布局、起居交流空间设计、空间尺度把握等多个方面尽可能为老年人提供家庭化的生活体验。

▶ **组团空间开放通透——便于认知症老人识别**

组团空间具有良好的视线通透性，采用居室围绕餐厅、厨房空间的开放式布局，有助于认知症老人随时看到、找到自己想去的空间和居室（图4）。

居室： 包含单人间居室（图5）和双人间居室，内设卫生间，卫生间采用两侧移门，打开后整个居室空间更为通透

图5 单人间居室内部实景

组团入口（电梯厅）： 与起居厅、餐厅等公共空间之间布置家庭厨房以阻隔视线，电梯门采用仿木门的形式（图6），减少认知症老人对其的感知和自行出走

图6 电梯门采用仿木门形式，减少老年人的关注

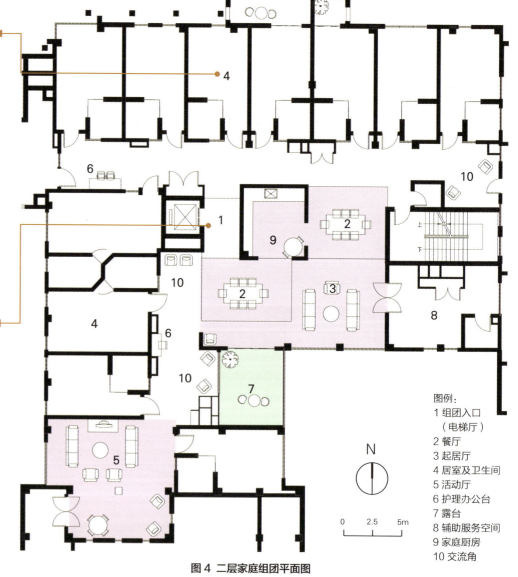

图例：
1 组团入口（电梯厅）
2 餐厅
3 起居厅
4 居室及卫生间
5 活动厅
6 护理办公台
7 露台
8 辅助服务空间
9 家庭厨房
10 交流角

图4 二层家庭组团平面图

起居交流空间丰富——便于老年人进行社交活动

除了位于组团中央的餐厅、起居空间之外，沿走廊的中部、转角、尽端等位置还设置了多个大小不同的起居交流角，为老年人的社交活动提供了丰富的空间选择（图7）。这些角落空间更加私密、安静，有助于开展亲密的对话。

家庭厨房采用半围合式布局，鼓励老年人自主拿取饮料和零食，并配置了烤箱、电磁炉、微波炉等丰富的烹饪设备，用于开展疗愈性的烹饪活动（图8）。

图7 沿走廊布置的交流角落　　　图8 鼓励老年人自主使用的家庭厨房

尺度亲切布局巧妙——尽量减少机构化氛围

为尽可能接近传统意大利家庭中的餐厅空间，设施将餐厅空间划分为两个区域，每个区域各布置一张八人桌，使得用餐空间具有更亲切的尺度感（图9）。此外，为了最大程度避免机构化的感受，同时使工作人员随时可以关注到老年人的动态，护理人员工作台均沿走廊一侧布置（图10）；污洗间、护士工作站等其他辅助服务空间则布置于连接两个组团的工作走廊中，方便共用。

图9 老年人与手风琴艺人在餐厅共度音乐时光　　　图10 工作台沿走廊布置，融入老年人的生活空间

设计特色 ② 澳大利亚悉尼 | 斯卡拉布里尼认知症照料中心
广场与街道作为日常生活的热闹舞台

广场是意大利城市中市民生活、交往的重要空间节点，该设施的中心广场周边设置了丰富的公共空间，成为老年人们日常生活的核心空间。广场中央设置的喷泉水池（图11）与钟楼（图12）以及邻近的教堂（图13）共同构成视觉焦点，也能够辅助认知症老人的自主空间导向。

图11 中央广场的喷泉雕塑与教堂入口形成鲜明的场所特征

图12 电梯塔兼作钟楼，促进认知症老年人感知时间

图13 教堂提供了重要的精神活动场所

▶ 内街空间具有熟悉的街区氛围

小花园北侧为多功能活动厅（亦称村中礼堂），与主体建筑围合出了内街空间，沿街布置了美发沙龙、公共厨房、健身中心等功能空间，与咖啡厅共同构成了日常生活街区（图14）。礼堂的侧墙面还特意绘制了悉尼街头常见的涂鸦，为老年人带来熟悉的街区氛围（图15）。

图14 村中礼堂与过街楼围合形成功能丰富的内街空间

图15 礼堂侧墙绘制街头涂鸦，营造街区氛围

家中后院般的小花园

广场西侧的小型花园（图 16）模仿了住宅后院的风格，设置有鸡舍、种植花箱、汽车、健身器械等元素（图 17），鼓励老年人继续开展自己熟悉和喜爱的动物喂养、种植维护等活动。

图 16 小花园布置模仿家中后院

图 17 小花园内布置了汽车、种植花箱、健身器械等

调研时，小花园的鸡舍边祖孙三代正在夕阳下享受天伦之乐（图 18）。老奶奶的小外孙目不转睛地盯着小鸡的一举一动，母亲和祖母则在一旁一边看着孙子一边闲聊着。鸡舍不仅为花园带来了生机，也是吸引孩子到访的重要元素。鸡舍边的花台兼作母女俩的座椅，构成了亲密、温馨的社交空间。

图 18 小花园中的鸡舍作为吸引孩子的趣味点，引发祖孙三代代际交流互动

澳大利亚悉尼 | 斯卡拉布里尼认知症照料中心

广场与街道作为日常生活的热闹舞台

▶ **人气十足的咖啡厅与休闲区**

广场一侧过街楼下方的架空区设置了咖啡厅与敞廊休闲区，是广场中最具人气的空间。许多老年人喜欢在广场散步活动，或在通风、荫凉且热闹的敞廊空间喝咖啡、看报、聊天、欣赏风景（图19、图20）。

图19 咖啡厅外布置的室外座椅是最受老年人和家属欢迎的休闲空间　　**图20 面向广场的敞廊空间也为老年人和家属提供了交流场所**

咖啡厅兼具酒吧、餐厅和杂货店的功能，为老年人和来访亲友提供了氛围轻松的社交餐饮空间（图21）。考虑到澳大利亚阳光强烈，建筑首层面向广场的界面设置了连廊，连通教堂、咖啡厅、通往楼上的电梯厅等空间，可作为遮阴、避雨的散步活动路径（图22）。中央广场周边结合树池、花池设置了多个小花园，形成了更加亲切、舒适的小尺度交流空间（图23）。

图21 咖啡厅兼售卖杂货、面包，并设置酒吧、餐饮空间　　**图22 建筑首层设置连廊以遮阴避雨**　　**图23 广场周边设置小尺度的交流花园**

设计特色 ③
巧妙隐藏出入口，避免引起认知症老年人注意

为避免老年人走失，斯卡拉布里尼认知症照料中心采用封闭式管理，并精心设计了隐藏式出入口，以免引起认知症老年人的注意。中心共设置了两道门禁，第一道门禁设置在首层东北角办公区内的接待台处，第二道门禁设置在办公区面向道路的一侧，工作人员和访客可刷卡进出（图24）。办公接待区面向中央广场的入口，设置于建筑凹角处，使得外部人员的进出不易引发老年人的关注。第一道门禁结合深棕色的隔墙设置，隔墙将接待台和通道划分为两部分，门扇采用通高的形式与隔墙融为一体，十分隐蔽（图25）。同时，隔墙带来的视角限制使得老年人即便从社区内部广场走到接待台处，也难以看到连通到外部的出入口（第二道门禁），而位于接待台内侧的工作人员则能方便地兼顾来自外部和内部的人员（图26）。

图24 中心设置了两道门禁

图25 巧妙设置隐藏式门禁，避免认知症老人看到对外出入口

图26 接待台可以兼顾内外部人员

▶ **小结**

斯卡拉布里尼认知症照料中心从意大利裔移民的生活习惯、环境记忆出发，在组团中为认知症老年人提供了延续家庭生活氛围的空间，并以形态丰富的广场、街道、花园构建了多样化的社交与生活空间，从而支持认知症老年人拥有自主、自由与自尊的正常化生活。

图片来源：
1. 图1根据谷歌地图编绘；
2. 首页图、图5、图6、图13来自参考文献[1]；
3. 图3、图4、图24改绘自参考文献[2]；
4. 其他图片为作者自摄，曾卓颖、张昕艺协助改绘图纸。

参考文献：
[1] https://bickertonmasters.com.au/projects/scalabrini-village-drummoyne-racf/
[2] 设施官方手册 https://www.scalabrini.com.au/
[3] 李佳婧. 澳大利亚悉尼斯卡拉布里尼认知症照料中心[J]. 建筑创作,2020(5):192-197.

图书在版编目（CIP）数据

养老建筑设计实例分析.国际篇 = Case Studies on Architecture Design for the Aged : International Volume / 周燕珉等编著. -- 北京：中国建筑工业出版社，2024.8. -- ISBN 978-7-112-30150-8

Ⅰ. TU241.93

中国国家版本馆 CIP 数据核字第 2024YK9006 号

责任编辑：费海玲　焦　阳
责任校对：王　烨

养老建筑设计实例分析：国际篇
Case Studies on Architecture Design for the Aged: International Volume
周燕珉　王春彧　丁剑秋　等编著
*
中国建筑工业出版社出版、发行（北京海淀三里河路9号）
各地新华书店、建筑书店经销
北京海视强森图文设计有限公司制版
北京富诚彩色印刷有限公司印刷
*
开本：787毫米×1092毫米　1/12　印张：13$\frac{2}{3}$　字数：288千字
2025年4月第一版　2025年4月第一次印刷
定价：**128.00**元
ISBN 978-7-112-30150-8
（42867）

版权所有　翻印必究
如有内容及印装质量问题，请与本社读者服务中心联系
电话：（010）58337283　QQ：2885381756
（地址：北京海淀三里河路9号中国建筑工业出版社604室　邮政编码：100037）